著

中国纺织出版社有限公司

U0187881

内 容 提 要

本书详细介绍了首饰制作的基础与高级加工工艺，从工作区域、起版技法、基础工艺到金属表面处理工艺、珐琅工艺、铸造工艺、宝石镶嵌工艺、木纹金工艺、特殊制作工艺等高级首饰制作技艺都做了十分细致的讲解。此外，对于首饰行业中新近涌现出来的热门工艺，本书均做了极富针对性的图文分析与演示，有利于广大从业者及时更新与提高自己的工艺技能，从而满足当下首饰设计与制作的需求。

本书图文并茂，深入浅出，对于广大首饰设计专业师生、从业者，以及珠宝首饰设计爱好者来说，都是极具参考价值的。

图书在版编目（CIP）数据

首饰记 / 胡俊，杨漫著 . -- 北京：中国纺织出版社有限公司，2022.7

ISBN 978-7-5180-9532-2

Ⅰ.①首… Ⅱ.①胡… ②杨… Ⅲ.①首饰-制作 Ⅳ.①TS934.3

中国版本图书馆 CIP 数据核字（2022）第 080202 号

责任编辑：魏 萌 朱冠霖 责任校对：楼旭红
责任印制：王艳丽

中国纺织出版社有限公司出版发行
地址：北京市朝阳区百子湾东里 A407 号楼 邮政编码：100124
销售电话：010—67004422 传真：010—87155801
http://www.c-textilep.com
中国纺织出版社天猫旗舰店
官方微博 http://weibo.com/2119887771
北京华联印刷有限公司印刷 各地新华书店经销
2022 年 7 月第 1 版第 1 次印刷
开本：787×1092 1/16 印张：15.5
字数：216 千字 定价：88.00 元

序

中国首饰艺术与设计教育的创建始于20世纪90年代，同道人通过二三十年的走出去、引进来，承接传统的历练与积累，如今这枚硕果正在日益成熟与丰满。

工与艺，实际上是将构想转化为视觉成像，需要经由一个多元要素配合集结的过程。本书的首饰工艺明确定位于材料、材质及与之相关的工艺来共同展开书写。作者胡俊和杨漫老师都是首饰教育领域正当年的中坚力量。杨漫曾在中央美术学院首饰专业有过一年访学的经历，在我的记忆中她和胡俊都分别到过意大利佛罗伦萨的欧纳菲首饰学院（Le Arti Orafe）和阿契米亚首饰学院（Alchimia）交流学习。我与胡俊老师相识应该还是在他研究生刚毕业的时候，时常会在相关刊物上看到他有关首饰的译文和他的作品，从中似乎能感受到他做事的风格透着刚毅和坚韧。后来一些年看到了变化，那就是在刚毅牢固中多了几分松弛与浑然，这应该与人的成长过程，从青涩执着到成熟从容的变化是同频的。同样来看编写书稿，也体现出为人的特点。这里不再拘泥教条，更多了既翔实又不乏行笔自如的状态，这一切该归功于多年来作者在丰富的实践中不断俘获灼见的自信。

《首饰记》从工作场域到工具设备，再到具体工艺，为热衷学习和了解首饰工艺的读者开启了很好的篇章，它让读者能够身临工作现场般地进入，从远及近层层展开，很有代入感。书中呈现的形式各异的首饰工作台，尤其是作者用手绘的那些工作台及场景，令人颇有亲切之意，将貌似冰冷的金属首饰工艺变得可亲近和温暖了。本书的章节分类、归纳之序，有自己的逻辑，但无论哪种排序、如何进入不同的工艺，都能令读者接收到有益的技术与方法。它不失为一本很有看头，语言自然亲和，可以轻松进入并收获到丰富工艺知识的指导书籍。

正如书中所言"首饰制作的基础技法有很多，如錾刻、勾线、烧皱、珠粒、跳环、雕金、嵌接、铆接、冷连接、折叠、熔融等。可以说新技法层出不穷，每一种技法都具有独特的视觉呈现和艺术效果。首饰工艺师可以在实践中不断积累经验，摸索带有独特个人印记的首饰加工与制作技法"。倘若我们每个读者也能从学习的过程中逐渐发展和衍生出自己特有的工艺和视觉样貌，这样的学习便有了更具价值的意涵。

让我们始终不忘初心，带着孩童般的天真与热爱，尽情地去享受劳作带来的收获与喜悦。

中央美术学院教授、博士生导师

滕菲　于辛丑年小雪

—— 首饰制作基础篇 ——

—————— 首饰制作高级篇 ——————

SHOU SHI ZHI ZUO JI CHU PIAN

首饰制作基础篇

第 1 章

首饰制作工作区域

首饰设计与制作具有悠久的历史和传统，不同的时期，首饰都有着不同的风貌与特色。作为一名当代的首饰工作者，首要的任务就是建立一个舒适而安全的工作区域，这个区域不但要舒适而安全，还要做到高效与美观，当然，这是更高一层次的要求了。舒适与安全，又是与高效、美观紧密联系在一起的。试想，没有舒适，哪来的高效呢？显然，随着人们生活水平的不断提高，以及生活方式的不断更新，设计师们对工作环境、工作状态的要求也越来越高了，大家都希望自己的工作空间既能满足工作的需要，又能满足学习、休憩甚至交流的需要。另外，由于首饰设计与制作的行业特点，要求首饰工作室的安全性必须符合行业规范，故而，工作室的建立，并不是一件简单的事情。

作为主体，首饰工作者又有不同的群体和个人之分，而群体和个人对工作环境、工作功能区的要求是不同的，甚至不同的群体之间也会有不同的要求；不同的个人之间，同样会有需求的差异。所以，如何建立工作室？建立怎样的工作室？每个人的答案都不尽相同。

一般来讲，一个完备的金工首饰工作室应该具有如下功能区：设计区、个体工作区、初级加工区、锻敲区、焊接区、清洗区、珐琅区、宝石琢形区、铸造区、化学区、抛光区、储藏区、数码区、设备区、展示区，以及会客区十六个功能区域。

设计区的功能：在正式制作一件首饰作品之前，作品的设计工作可以在这个区域内完成。设计阶段包括草图、正式图，以及三视图的绘制。

▲ 设计区1

▲ 个体工作区

▲ 设计区2

个体工作区的功能：个体工作区是首饰工作室里最重要的区域，在这个区域中，每一位工作者获得了相对独立的空间，许多重要的工艺和制作都在这里完成，如手工起版、执模、精修等。

初级加工区的功能：这个区域设置为金属型材的简单加工区域。

锻敲区的功能：这个区域设置为金属成形的加工区域。

▲ 锻敲区

焊接区的功能：焊接区亦是首饰工作室重要的区域之一，主要满足焊接、退火、熔料等功能。

清洗区的功能：应该说，清洗区并不能孤立地划分，因为有多个功能区都是需要与清洗区相连的，所以，一个金工首饰工作室往往需要好几个清洗区。顾名思义，清洗区的主要功能就是清洗、去污。

▲ 清洗区

珐琅区的功能：主要用于制作珐琅烧造、制作珐琅首饰以及珐琅装饰片。珐琅还有所谓软珐琅与硬珐琅之分，所以珐琅区的设置要区

▲ 珐琅区

别对待。

宝石琢形区的功能：这个区域满足宝玉石的琢形及抛光工艺。

铸造区的功能：现代铸造工艺分工较细，如果需要满足不同的铸造需求，则对设备的要求较高。

化学区的功能：这个区域主要满足化学着色、金属表面清洗、电镀工艺等需求。

抛光区的功能：这个区域主要满足作品的抛光需求。

储藏区的功能：储藏区相对需要较大的空间，各式工具和材料都可以储藏在这里，做到分门别类，井井有条。

数码区的功能：这里可以满足数控加工工艺的需求。

设备区的功能：主要放置大型的精密设备。

展示区的功能：展品陈列的区域，使公众对工作室的成果有直接的了解，是一个沟通和交流的窗口，对于一个完备的金工首饰工作室来说，展示区也是十分重要的。

会客区的功能：这是一个会客以及休憩的区域，对于一个完备的金工首饰工作室来说，同样不可或缺。

此外，一个完备的工作室还需要一个整体排风系统，以保证工作室内部的空气流通与净化，对于保护工作者的身心健康，这一点是十分重要的，否则，金工首饰的工作者如果长期在一个到处充满粉尘、空气质量不佳的环境下工作，会患上相关的职业病，如鼻炎、咽喉炎等。

▲ 群体工作区2

▲ 化学区1

▲ 群体工作区1

▲ 化学区2

▲ 宝石琢形区

▲ 数码区

▲ 抛光区

▲ 展示区1

▲ 展示区2

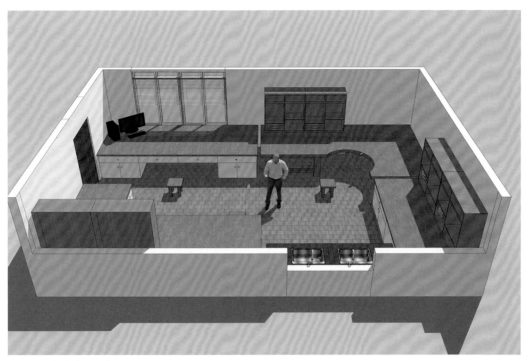

▲ 个体工作室布置示意图

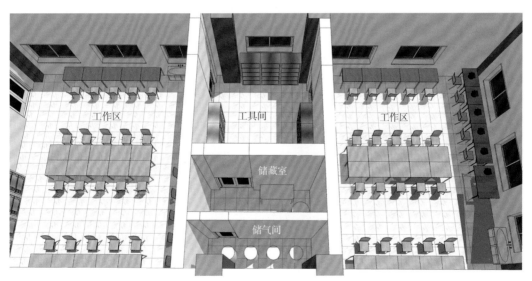

▲ 群体工作区的区域分配方案

≫ 1.1 工作台

工作台是首饰制作的必备品，无论是个体工作室，还是集体工作室，都必须有首饰制作专用工作台。这里介绍了多款首饰制作工作台，适合单人、多人和群体使用。应该说，各国各地区的首饰工作台的尺寸、制式、用途和设计风格都略有区别，这与当地的技术环境和工艺背景是有关系的。也就是说，这里提供的工作台样式仅供参考，每个人每个单位，可以根据自身的需要，来调整工作台的设计样式。

▲ 简易工作台

▲ 组合工作台

▲ 抽屉式工作台

▲ 多人工作台1

▲ 多人工作台2

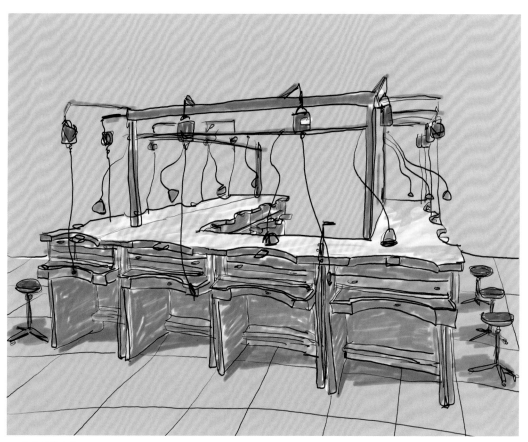

▲ 多人工作台3

》》 1.2 设备

由于不同的使用功能，各个功能区需要配备的设备也不尽相同。

设计区：主要配备办公用具，如电脑、扫描仪、打印机、画板、办公桌椅、灯具、书架、绿色植物等。

个体工作区：主要配备首饰工作台、灯具、吊机悬挂架、常用工具架等。

初级加工区：主要配备拉丝机、轧片机。

锻敲区：主要配备工作台、台钳、钢砧、手动压片机、台式裁片机、砂轮机、砂带机、台钻、戒指缩小扩大器等。

焊接区：主要配备火枪、焊接台、燃气管道、通风管道设备等。

清洗区：主要配备水槽、水管、灯具等。

珐琅区：主要配备高温电炉、钢砧、电热风烤箱、工作台、通风管道设备、灯具等。

宝石琢形区：主要配备磨宝石机、玉雕机、抛光机、显微镜、清洗水槽等。

铸造区：主要配备离心铸造机、抽真空机、真空铸造机、高温电炉、气动水口剪、真空注蜡机、压模机、石膏抽真空及搅拌机、焊蜡机、熔金炉、通风管道设备、清洗水槽等。

化学区：主要配备通风柜、化学操作平台、电金机、废液处理箱、灯具、通风管道设备、清洗水槽等。

抛光区：主要配备双头吸尘抛光机、飞碟机、小型双头抛光机、滚筒抛光机、超声波清洗机、磁力抛光机等。

储藏区：主要配备铁皮柜、储藏架、中央吸尘机等。

数码区：主要配备数控车床、数控雕蜡机、数码雕刻机、电脑、灯具、清洗水槽等。

设备区：主要配备激光电焊机、打标机、喷砂机、切割机、小型车铣床、大型电动压片机、电动拔丝机、珍珠钻孔机、刻花机、水焊机、车花机、液压机、蒸汽清洗机、电子磅、空气压缩机、燃气罐、灯具等。

展示区：主要配备投影系统、展柜或展台、小型展具、保险柜、灯具、绿色植物等。

会客区：主要配备沙发、茶几、储藏柜、绿色植物、灯具等。

▲ 电动打磨机

▲ 电脑雕刻机

电炉

手动轧片机

手动拉丝机

电动雕刻机

激光雕刻机

排风机

电炉

磁力抛光机

▲ 首饰制作设备

》》1.3　工具

首饰制作工艺繁多，而每一种工艺所需工具也不尽相同，这里把较为常见的首饰制作工艺所需工具列举如下。

平面錾刻工具：錾子、雕刻刀、沥青胶、锤子、火枪、酸液或明矾水等。这些工具除了錾子是需要自制的，其他工具都可以在首饰器材店买到，当然，也可以在首饰器材店买到錾子的坯子，但錾子的錾头是必须要根据自己的需求来制作和打磨的。不过，从首饰器材店买到的字印錾子和图案錾子是无须再加工的，只需用砂纸稍作修整，就可以直接使用。

锻造工具：錾子、锤子、沙袋、垫胶、油泥、溶液槽、化学着色剂、硫酸、地板蜡等。

浮雕锻造工具：錾子，它就如同绘画用的笔一样重要。錾子头部的形状各不相同、大小不一，制作材料为工具钢，可以在废品收购站买到工具钢，也可以从首饰器材店购买到钢坯子，然后根据自己的具体需要来加工錾头。根据不同的使用目的，錾子大致分为敲铜专用錾子和敲银（金）专用錾子。敲铜专用錾子比较粗，而敲银（金）专用錾子则较细。在平时的工作中，要注意积累不同造型和大小的錾子，以免要用的时候找不到而临阵磨枪。垫胶通常由松香、立德粉（大白粉）和油（食用油即可）调制而成，松香与立德粉的比例大致为一比一，而油的使用量则根据实际的熬胶情况来决定，如果熬制出来的垫胶冷却后较软，就少放一点油，如果较硬，则可以再添加一些油。

手工起版工具：锯弓和锯条、各式锉子、镊子、锤子、机针、油槽、焊接台等。

金属表面肌理制作工具：各式金属锤子、錾子、铣刀、模具、雕刻刀、机针、化学药品等。

金属表面着色工具：盛放化学药品的器皿、电解槽。

组装工具：锤子、钳子、锉子、型铁、火枪等。

立体器皿锻造工具：造型各异的锤子和砧子。造型不同的锤子和砧子各有其具体的用处和用法，需要在实践中去掌握，对于一位长期从事器皿锻造的工艺师来说，勤加练习，以及尽可能多地定制不同造型的锤子和砧子，是获得成功的不二法门。

金属嵌接工具：雕刻刀、錾子、锤子、锉子、砂纸、火枪、吊机、角磨机、抛光机等。

宝石镶嵌工具：小铁锤和錾子，多用于包镶中，可以敲打和延展金属；各式锉刀，主要用于修整镶嵌之后留下的痕迹；尖嘴钳，用于将金属爪靠到宝石上，使之牢固；剪钳，用于将高出宝石台面的爪剪去；油石和钢针，用来磨制平铲针和三角针；双头索钳，用于固定各种钢针；软毛刷，主要用于清扫工件，收集加工过程中产生的粉料；硬毛刷，用于清除宝石与镶口之间的杂质，如橡皮泥等；橡皮泥，用于将宝石暂时固定在镶口上；火漆棒，用来固定待加工的物件，对一些易变形的吊件、排链、耳钉等都非常有效；戒指夹，用于夹紧戒指；香蕉水，用于溶解火漆；珠座，用于将爪或钉扣牢到宝石上；螺丝弯钩，用于固定火漆棒；吊机与各式机针，用于打钻位、扩大镶口、打槽位等。

珐琅烧制工具：镊子、盘子、锉子、吸管、毛笔、吊机、研磨钵等工具，此外，还需要长筒皮质手套、护目镜、围裙等保护用品，以保证操作时的安全。

各式机针

锤子

油槽

焊接辅助夹

焊枪

火漆台

型铁

台钳

▲ 工具

第2章
首饰制作起版技法

SHOU SHI JI

首饰起版是首饰行业内的一种说法，意思是制作首饰的原始母版。一般来讲，首饰起版是人们根据设计图纸，用银或其他金属材料手工制作母版，或者通过雕蜡的方式，浇铸得到的母版。当然，随着电脑技术的发展，如今，首饰制作师也可以通过电脑建模，然后电脑3D打印的方式制作母版。所以，首饰起版可分为三种：手工起版、雕蜡起版和3D打印起版。

这里主要介绍手工起版。所谓手工起版就是通过手工制作的方式，将925银或者其他金属材料制作成母版，其基本的加工工艺包括：锯、裁切、锉磨、碾轧、焊接、捶打、錾刻、锻造、镶嵌、嵌接、抛光、熔融等，一般需要首饰制作师具备极其丰富的制作经验，才能做出较好的首饰母版。

可以说，手工起版是制作首饰的第一道工序，也是首饰制作工艺中要求最高的工序，所制母版各部分的结构必须做到合理，镶口的尺寸必须准确无误。起版是整个珠宝制作过程中的核心与关键，它的作用等同于动画制作过程中的原画，决定了首饰作品的整体造型、风格和气质。一位优秀的首饰手工起版师，至少拥有十年以上的手工起版经验。一般来说，起版时所用的原材料基本上是白银，因为它的可塑性很强，且焊接比较容易，所以被起版师普遍采用。不过，本书涉及的手工起版工艺，由于最终的材料就是起版时用的材料，所以，这里介绍的主要是使用银材来起版。如银管的制作、半球形的制作、打印标识、别针的制作等。这些基本的手工起版技法，需要工艺师勤加练习，才能逐渐掌握要领。

雕蜡起版是指首饰制作师根据设计图纸，手工雕刻蜡模，再利用失蜡铸造的方法浇铸出银版，再通过蜡版压制橡胶模，实现批量制作。

3D打印起版则是最近较为流行的起版方式。将电脑中的三维模型导入相关设备，通过3D打印技术或雕刻技术，直接得到树脂模版或其他材质的母版，基本由机器来完成制作，具有精度高、规范精细的特点。

▲ 手工起版工艺：锉修

▲ 手工起版工艺：焊接

》》 2.1 拔管

1 准备一片长15cm、宽1.8cm、厚度0.6mm的银片，退火备用。

2 把银片放进型铁的凹槽中，垫着直径与凹槽相当的圆形窝錾，用橡皮锤敲打，使银片弯曲。

3 从大的凹槽转移到小的凹槽，使用的窝錾也越来越小，重复同样的敲击，直到银片的两侧可以闭合。退火待用。

4 把银管的一端塞进拔丝板，用拔丝钳夹紧，使劲把银管拽出来。

5 从大的孔洞转移到小的孔洞，重复拔拽的动作，直到银管完全闭合。期间需要多次退火。

6 经过数次拔管，银管越变越细。当达到足够的细度，停止拔管。

⟫⟫ 2.2　文字与标识打印

▲ 文字与标识

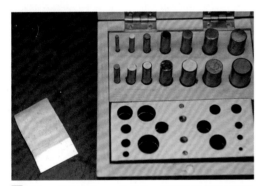

1 准备一片厚度为1mm的银片，把银片用砂纸打磨干净平整。准备好手动裁片工具。

2 把银片塞进裁片器中间的缝隙，选取直径为6mm的裁片棒，从孔洞插进去，然后用铁锤猛力敲打裁片棒。

3 随着铁锤的猛力敲击，一块与裁片棒直径一致的银片被敲打下来。

4 把事先雕刻好的錾子，放在银片上面，用铁锤猛力敲击錾子，使錾子上的文字转印到银片上，完成文字在银片上的打印。标识的打印与此同理。

>>> 2.3　半球形制作

▲ 925银半球形

1 准备一片厚度为0.8mm的银片，把银片用砂纸打磨干净平整，退火备用。

2 把银片放在窝墩上，先用较大的窝錾垫在银片上，用锤子敲打窝錾，使银片下陷。

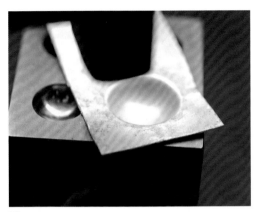

③ 退火之后，再次用较小的窝錾垫在银片上，用锤子敲打窝錾，使银片下陷，直到银片呈现规矩的半球形。

④ 用锯子沿着半球形的边缘，把半球形锯下来。

⑤ 把锯下来的半球形扣在一块银片上，在半球形与银片接触的地方涂抹硼砂焊剂，摆放焊药，焊接成型。

⑥ 用锯子锯掉多余的银片，再用红柄锉进行锉修，最后用砂纸打磨半球形，直到半球形的表面光滑平整。

>>> 2.4 双别针制作

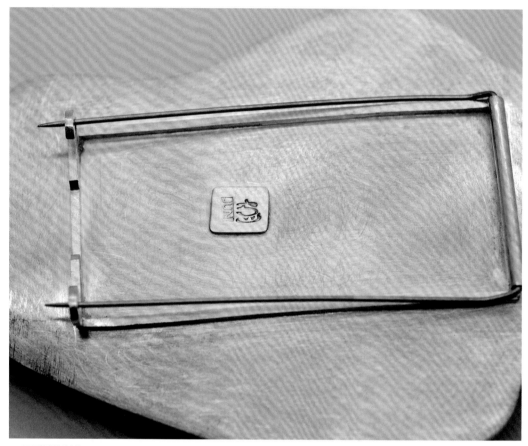

▲ 双别针的制作

1 在胸针背面居中放置一个方形框架,这个框架用925银制成。把框架焊接在胸针背板上。

2 在框架的一端摆放一截银管,银管的长度比框架右边的边长略短。银管用反向镊子稳定住,把银管与框架的右边焊接在一起。

3 用与框架银丝同样粗细的方丝，制作两个挂钩形，用锉子锉修平整。这两个挂钩是用来锁住别针针尖的部件。

4 把两个挂钩摆放在框架的左边，涂抹硼砂，用中温焊药焊接。

5 完成焊接之后，用稀硫酸清洗饰件。拿出一根直径与银管一致的钢丝，钢丝的两端用锉子锉成尖状，再用细砂纸打磨，使针尖十分顺滑。

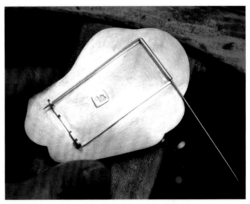

6 先把钢丝用平嘴钳弯折成90°，再把钢丝从银管穿过，注意钢丝的长度应该与框架相适应。

7 用平嘴钳把钢丝的另一边也弯折成90°，这样，钢丝就被固定在背板了。然后分别把两根针在接近银管处做一个弯曲，使钢针获得弹力，便于别针从挂钩处弹出。

8 双别针适用于体积较大的胸针，能够起到稳定佩戴的作用。

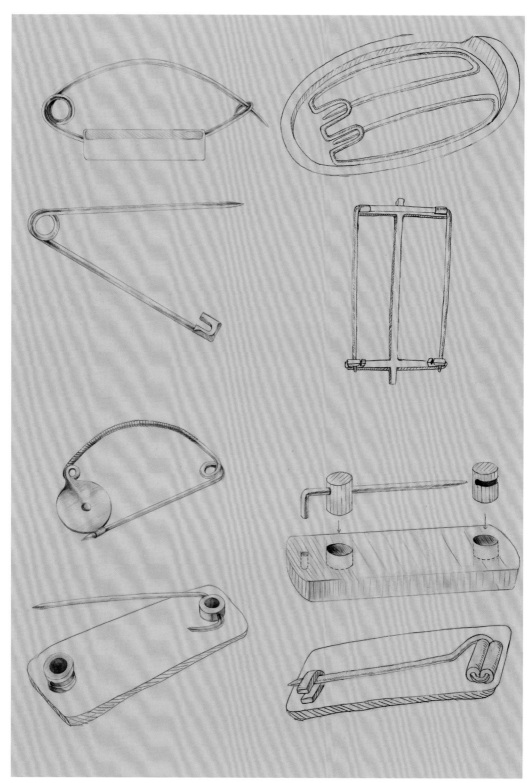

▲ 各式背针示意图

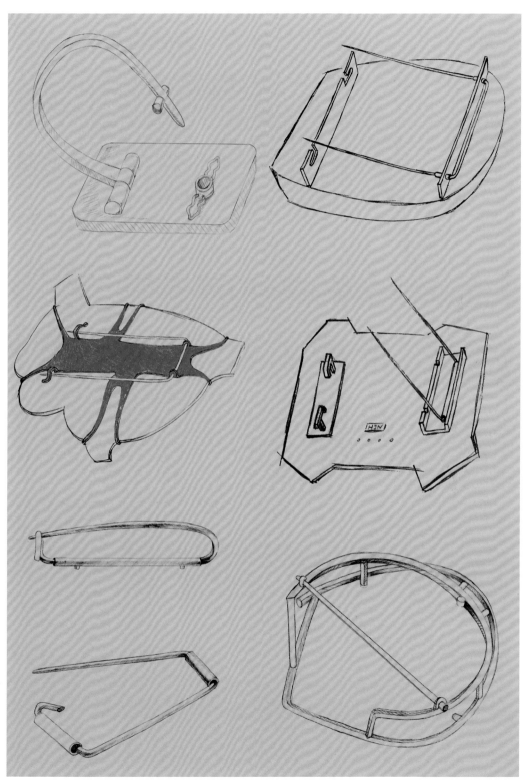

▲ 各式背针示意图

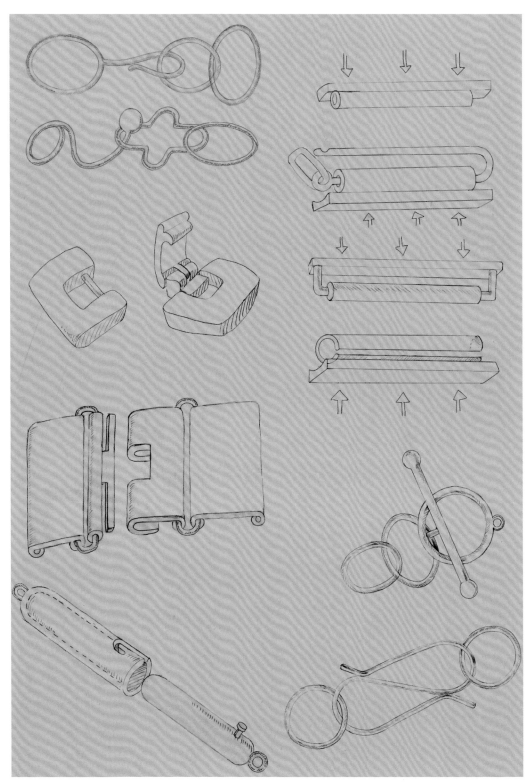

▲ 各式链接装置示意图

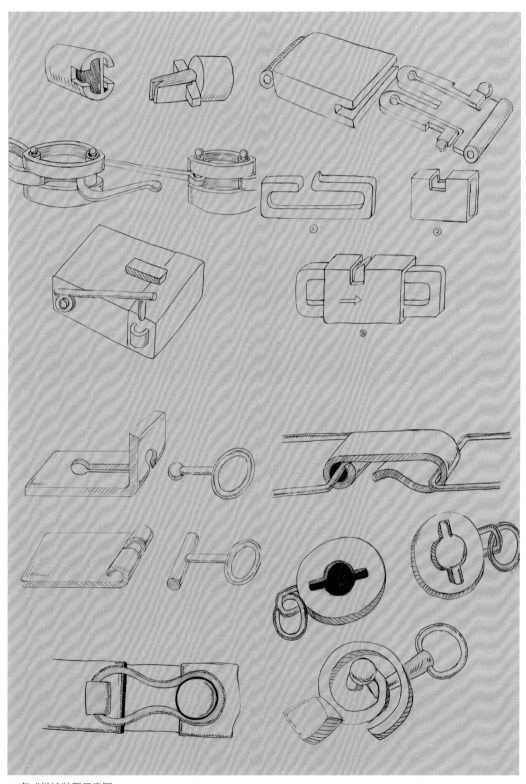

▲ 各式链接装置示意图

第3章

首饰制作基础工艺

SHOU SHI JI

首饰制作的基础技法有很多，如錾刻、勾线、烧皱、珠粒、跳环、雕金、嵌接、铆接、冷连接、折叠、熔融等，可以说，新技法层出不穷，每一种技法都具有独特的视觉呈现和艺术效果。对于技法的创新和探索是没有限制的，首饰工艺师可以在实践中不断积累经验，摸索带有独特个人印记的首饰加工与制作技法。

近年来，雕金工艺在首饰设计中得到较为普遍的应用，原因在于雕金工艺能够在首饰的表面制作比较复杂的线条或纹样装饰，能够赋予首饰一种强烈的装饰美、纹样美，从而丰富首饰的层次与肌理。

此外，错金银工艺是一种相当古老的金属加工工艺，早就被人们应用到首饰的制作中。随着错金银工艺的传播与发展，各国各地区的错金银工艺出现了不同的制作方法，呈现不同的艺术风貌。当然，把古老的错金银工艺运用到现代首饰的设计与制作中，需要设计师具有平衡传统与现代的智慧，和解决设计与工艺的

▲ 错金银面具

难点的能力。

现代首饰较多运用三维立体的造型语言进行设计，因此在现代首饰作品中，比较多见雕塑般的造型，这就涉及"泥稿翻模"的技法。当然，也可以用石膏、蜡材、黏土、泡沫、塑料等材料制作模型，然后进行翻模。

总之，本章介绍了诸多首饰制作基础技法，目的在于拓展工艺师的制作工艺领域，而掌握的制作工艺越多，设计思想就会越活跃。

▲ 雕金作品

>>> 3.1　雕金工艺

手动雕金

▲ 银戒指雕金（鲁程演示）

1 准备一根带火漆的戒指棒、各式雕刻刀、酒精灯等工具，将打磨好的戒指固定在戒指棒的火漆里。

2 握刀手势示范如图。雕金时，雕刀和雕件没有固定的角度和姿势，需根据自己的身体状况来调节，以方便发力、手握舒适为原则。

3 用油性马克笔把所要雕刻的图案绘制在戒面上，也可以通过拓印的方式，把雕刻花纹精确地印在戒面上。

4 用8号尖头刀雕刻主要轮廓线条，雕刻时，刀尖注意向右微微倾斜。

5 完成主要轮廓线条的雕刻后，用酒精擦掉马克笔的画痕，露出清晰的雕刻线槽，检查轮廓线是否雕刻完整。

6 用10号平头刀加宽所有主轮廓线，可以多次雕刻加宽，注意雕刻线槽的光滑度。通常，雕刀的倾斜度约为30°，但这个角度可根据自己的手感来进行微调。

7 用8号刀轻轻雕刻出叶子的纹路，然后，在叶子尖以及花纹与大轮廓线衔接的空白处，用8号刀雕刻出尖角，使纹饰变得丰满。

8 内部纹样雕刻。用10号钩丝刀雕刻细线条，这个操作要重复3~4遍，使戒指表面呈银白色。注意：雕刻时，每一遍要比上一遍雕刻的力道略轻，雕刀的走向也略有不同。

9 雕刻星星。用8号刀先向左边再向右边推出星星的每一个长边，注意保持星星中心的平滑与齐整。本图为雕刻刀刀尖在开始雕刻时的大致方向。

10 本图为雕刻星星纹样时，雕刻刀刀尖在结束雕刻时的大致方向。

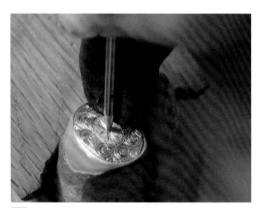

11 用圆点錾子在星星中心的位置轻轻錾刻，塑造一个小小的圆珠，以加强纹样的装饰性。

12 用方头刀雕一遍戒指外围的包边线，使这条包边线圆润、饱满、齐整有力。完成雕金，加热火漆，取下戒指，根据需要，对戒指进行后续的清理和抛光工作。

气动雕金

▲ 气动雕金黄铜片（滕远胜演示）

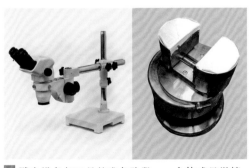

1 雕金设备与工具的准备阶段：一台体式显微镜、一台气泵、一个雕刻升降台、一个专用雕金旋转台钳。

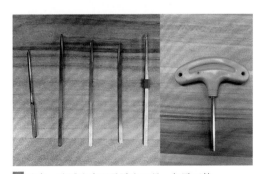

2 准备一张雕金桌以及雕金工具，如雕刀等。

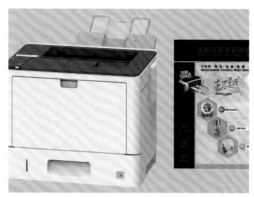

③ 在电脑上制作好纹样，用激光打印机在激光水转印纸上把纹样打印出来。

④ 在激光水转印纸上打印好纹样。

⑤ 从打印好纹样的纸上，撕下一块纹样纸，贴在黄铜片的表面，把纹样转印到黄铜片上，并用吹风机吹干。

⑥ 把黄铜片固定在胶板中。

⑦ 将雕刻底板锁紧在金属台钳上，并调整显微镜与工作台之间的焦距，检查气泵是否供气，雕刻刀是否完好。

⑧ 大拇指和食指捏住刀身，无名指和小指轻握住蘑菇头，力度以拿稳为宜。大拇指和食指可佩戴指套，保护手指。

9 用五星刀雕刻纹样的轮廓线，注意雕刻刀与雕刻面之间的角度应保持在一定范围内，角度越大进刀越深，雕刻的线条越粗，角度越小进刀越浅，雕刻的线条越细。

10 手指以适度力量握住雕刻刀，脚轻轻踩动气阀开始雕刻。右手控制雕刻刀角度，左手控制台钳转动的幅度，脚踩动气阀，以控制雕刻刀的推进速度。

11 主线条雕刻完成。

12 用1000目砂纸小心打磨黄铜片的表面，注意清理多余的划痕与印迹，使纹样的主线条清晰地显露出来。

13 借助显微镜，用绘图铅笔把需要进一步雕刻的细节线条绘制在金属表面，线条一定要清晰可见。

14 将五星雕刻刀的气阀调节到最小档位，脚轻轻踩动气阀，开始雕刻细节线条。注意进刀角度不可太大（参考角度约20°），可以先在其他金属片上试一下进刀。

15 检查整体线条是否平滑，刀纹的毛刺是否清除干净，重点检查是否有遗漏雕刻的地方。

16 将雕刻件从胶板上取下，清理干净。准备好印码机快干油墨（也可用黑色环保漆或者其他调和型颜料），接下来要进行上色处理。

17 使用棉签，蘸着油墨在雕刻件表面涂抹，注意涂抹均匀，尤其是线条里要保证渗透进去油墨。

18 待油墨干透以后，把表面多余的油墨去除，只留下线条里的油墨，使线条清晰可见，完成雕刻。

》》3.2　错金银工艺

气动雕金

▲ 错金银饰片（钮冬蕊演示）

1 准备一块厚度为1.5mm的925银片，也可选择白铜、红铜、不锈钢等硬度较高的金属作为底胎。将银片固定在火漆上。

2 将图案转印到银片上，也可以用铅笔直接将图案描绘在银片上。

3　开始雕刻图案。雕刻时，注意将图案的内部线条和外部线条都以向内侧倾斜60°的夹角进行雕刻。

4　在将要挖槽的部分用铅笔做好标记，见图内划有曲线的地方，这样做的目的是防止一不小心在不需要挖槽的地方下了刀。

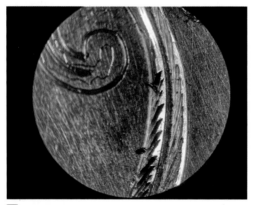

5　开始图案清底。将雕刻好的图案，阴线沿外侧向内侧呈45°角进行清底。

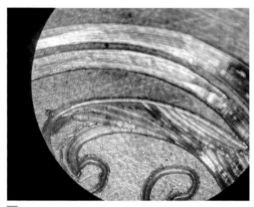

6　图案清底要求底面平整，底面与槽的内壁呈90°角。

7　本图为整个图案完成清底操作的标准示意图。

8　开始打剑山。打剑山就是在需要嵌入金丝的位置进行剑山制作。要求剑山的高度为线槽深度的一半，并保持剑山与槽底呈60°角。

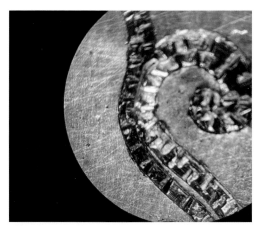

9 本图为打剑山细节图。

10 完成剑山操作，本图为剑山制作的最终标准。

11 开始嵌丝。找一转角处起头，将24k金丝按照剑山方向，卡入第一个剑山的60°夹角处，然后，按同样操作方法一段一段地嵌入金丝。

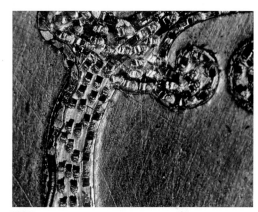

12 本图为嵌入金丝的细节图。

13 完成金丝的嵌入之后，用比黄金硬、比925银软的金属棒，轻轻敲打黄金丝，将黄金丝线压实，并填满凹槽。

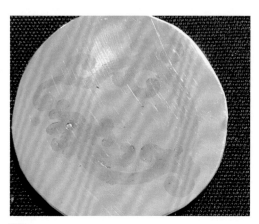

14 将捶打好的金丝用气动雕刻刀进行最后一步铲平，操作方法同清底。之后，进行做旧、打磨和抛光工作，完成错金银饰片的制作。

布目嵌金

▲ 布目嵌金吊坠（乔银龙演示）

1 准备1.5mm厚的铁片、0.2mm厚的银片和金片各一块，以及相关工具，包括火漆、木锤子、铁锤子、锯子、錾子、压光笔等。

2 裁切铁片，做出需要的造型，用平斜刀錾子在铁片上需要嵌金的位置制作布目，注意把握好錾子与铁片的角度和布目的密度。

③ 根据需要分别裁剪出所需形状的金片和银片备用。

④ 把裁剪好的金片和银片分别摆放到相应的位置，需要时，可用木錾子轻轻敲击，以辅助定位，防止金片和银片移动。

⑤ 用平头铁锤垂直敲打金片和银片的表面，使金片、银片与铁片咬合。敲击时，力度要轻，防止将金片和银片的表面造成硬伤。

⑥ 完成敲击之后，用压光笔碾轧铁片，去除铁片表面多余的布目，使铁片的表面平整。

⑦ 通过氧化着色的方式，使错金银饰片达到想要的颜色，也可使用发黑剂进行着色。完成金银错吊坠的制作。

》》 3.3 银粉肌理工艺

▲ 银粉肌理戒指（胡俊演示）

1 准备一条厚度为2mm的925银丝，用砂纸把银丝打磨清理干净。

2 在银丝的表面均匀摆放高温焊药，用软火加热，直到把焊药都熔化在银丝的表面，撤去焰炬。注意焊药要熔化在整个银丝的表面，不要留空白。

3　待银丝冷却后，在银丝的表面均匀地撒银粉。这些银粉可以是平常做首饰时锉下来的银粉。注意这些银粉的纯度尽量高一些。

4　用软火对银丝进行加热，注意银粉的状况。当先前熔化在银丝表面的焊药再次熔化时，撤去焰炬。此时，撒上去的银粉就被焊接在了银丝的表面。

5　待银丝冷却后，把银丝弯曲，在接口处摆放中温焊药，将银丝焊接成银圈，做成一枚戒指。

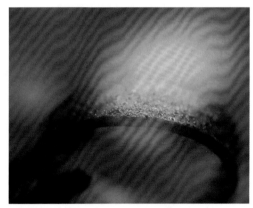

6　焊接好焊缝之后，需要再次补撒一些银粉，以此掩盖焊药的痕迹。

7　把银圈放进戒指棒里面，用橡胶锤轻轻敲击戒指棒，借此修整银圈的形体，使银圈变成正圆形。

8　先用红柄锉修整戒指内壁，锉掉戒指内壁尖锐的直角，使直角变成平滑的弧面，便于手指佩戴。然后用油锉继续修整，最后用布轮抛光戒指内壁。

9 把修整好的戒指放入白银做旧溶液中，用火枪给溶液加热，随着溶液的温度升高，戒指很快变成了黑色。撤去火焰，待溶液冷却，取出戒指。

10 如图可见戒指的表面呈现深灰色，接近黑色，可用木蜡对其进行涂抹，使深灰色加深。

11 用砂纸卷再次对戒指的内壁进行打磨，目的在于清除戒指内壁的黑色，使内壁显露银色。再用布轮对内壁进行抛光。

12 戒指内壁呈现光亮的银色，而戒指外圈则呈现较深的灰色，形成一种色彩的对比效果，十分好看。完成银粉肌理戒指的制作。

》》 3.4　泥稿翻模工艺

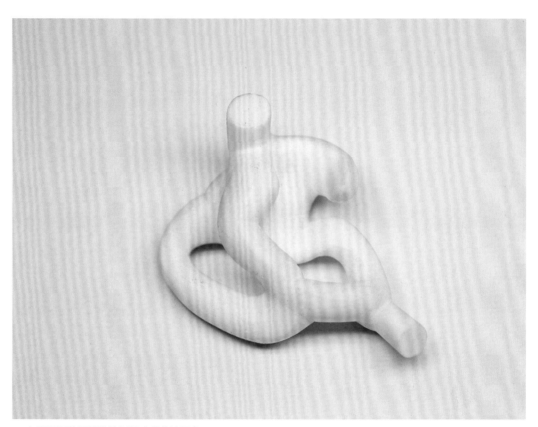

▲ 小雕塑泥稿翻模浇铸树脂（胡俊演示）

1 用油泥制作一个小雕塑，这种油泥的软硬度应该适中，不能太软，否则不便于雕塑细节，也扛不住压力，不利于翻模。

2 用红色油泥顺着小雕塑的四周围一个圈，注意这个圈的内壁不可接触到小雕塑。红色油泥选择较软的硬度，适宜围圈。

3 在一次性杯子里放入适量专业翻模用硅胶，往硅胶里放入适量固化剂，搅拌均匀，放置大约十分钟后，就可以把硅胶倒入泥模中。

4 约24小时后，硅胶完全干燥，此时，可以撤去红色油泥，拿出硅胶模。

5 用小刀在硅胶模底部划开一道口子，去除雕塑油泥，注意一定要把所有的雕塑油泥都掏出来，不要有遗漏。

6 调好AB型树脂，其比例一般是A树脂与B树脂均等。待充分搅拌均匀之后，把调好的树脂从硅胶模的口子缓缓倒入。

7 AB型树脂大约在二十分钟后就可充分干燥固化，树脂在固化的过程中，会释放热量，此时，不要用手触碰它。

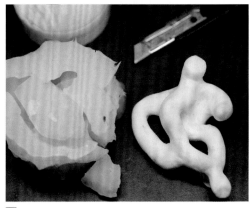

8 待树脂完全干燥固化，可以从硅胶模中小心取出树脂件。经过锉修与打磨，树脂雕塑就制作完成了。

>> 3.5 紫铜溜银工艺

▲ 紫铜溜银吊坠（胡俊演示）

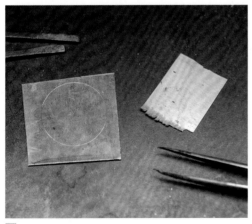

1 准备一片厚度为1mm的紫铜片，在紫铜片上用圆规画出一个正圆形。

2 把紫铜片固定在垫胶上，用錾子敲出一些不规则排列的线条，注意这些线条必须具有一定的深度，不能太浅。

3 在不规则排列的线条上面涂抹硼砂剂，摆放中温银焊药，将它加热，直到焊药熔化，溜进线条的凹槽中。

4 金属片冷却后，用窝錾和窝墩把铜片敲成一个半球形，注意有线条的那一面必须是半球形的表面，不要因为一时疏忽弄反了。

5 先用红柄锉把多余的银焊药锉掉，一边锉一边观察线条的粗细效果，一旦线条呈现流畅的效果，就要停止锉修。

6 分别用细致的油锉以及砂纸打磨修整半球形的表面，使银色的线条全都显露出来，并呈现流畅的效果，必要时，还可以给它抛光。

7 准备一块厚度为0.6mm的银片，以及一个银圈，这个银圈的直径与半球形一致。

8 把银圈焊接到银片上。焊接时注意用软火，使银圈和银片能够同时受热。

9 焊接完成之后，用锯子锯掉多余的银片，再用锉子锉修，砂纸打磨，使底托平整光滑。

10 在底托的边缘焊接一个银环，注意银环的尺寸不可过大，影响美观。

11 在银环内焊接跑链，这是吊坠必备的配件之一。完成焊接后，用稀硫酸浸泡饰件，再用锉子和砂纸打磨修整饰件，使之平整光滑。

12 把半球形浸泡在硫化钠溶液中，用干净的毛笔轻刷半球形表面，使它充分接触溶液，加快着色的速度。几分钟后，可见紫铜变成了古铜色，衬托出白色的线条。

13 半球形完成着色，在其表面轻轻涂抹一层木蜡，可起到保护表面着色的作用。把半球形放入底托中。

14 用夹具固定住整个吊坠，半球形饰件恰好放入底托，然后用平錾子挤压底托的围边，把半球形紧紧固定住。挤压围边时，不可用力过大，以防造成损伤。

⫸ 3.6　骨节制作工艺

▲ 骨节银手镯（陈忠清演示）

1 准备一块宽6mm、厚1mm的银条和一根直径为1.5mm的方形银丝，长度均为25cm，退火备用。

2 将银条和银丝的一端固定在台钳上，银丝置于银条的中间位置。

3 用钳子夹紧银丝和银条的另一端。

4 用力将叠在一起的银丝和银条拉直，然后按顺时针或逆时针方向持续拧结。

5 拧结后变硬，需要退火。退火要均匀，注意退火之后不要产生形变，否则会影响手镯整体的均匀程度。

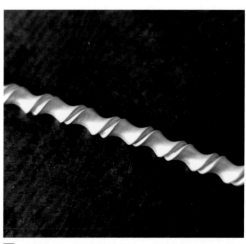

6 继续拧结，直到节与节之间的连接呈现均匀的、闭合的状态。

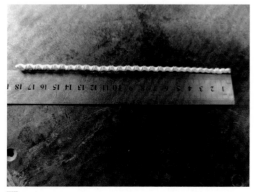

7 根据实际需求截取合适的长度，但必须比实际需要的长度多1cm。这多出来的1cm用于熔珠。

8 将两端烧熔，形成球珠状。此时，两端均会缩减0.5cm。弯曲成形，经磁力抛光处理，完成骨节银手镯的制作。

》 3.7　流淌形态制作工艺

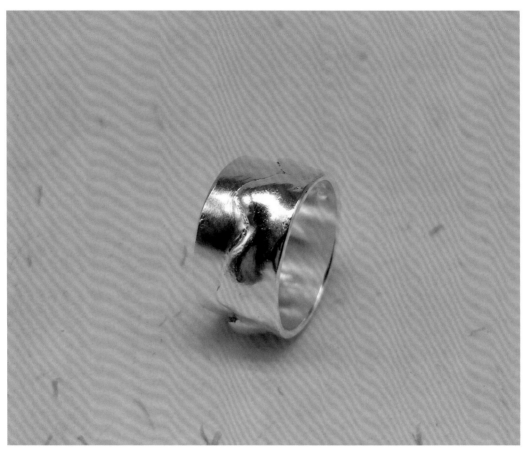

▲ 流淌形态银戒指（陈忠清演示）

1 准备两块银片，其中一片厚度为0.8mm，另一片厚度为0.4mm，宽度均为13.5mm，长度均为9cm。

2 将厚度为0.4mm的银片用镊子夹紧、悬空。

[3] 用硬火灼烧银片下端，使其局部熔化，出现流淌的形态。注意控制火焰的大小和距离，不要烧过了头。

[4] 将烧结好的银片整平，根据需求裁取合适的长度。

[5] 将两块银片进行贴合整理，用反向镊子夹紧。

[6] 将两块银片焊接在一起，焊接时，下面的银片可以略宽，方便放置焊药片。涂抹焊剂，加热焊接。

[7] 将焊接好的二合一银片截取需要的长度，弯曲成形，用戒指棒整形，准备焊接。

[8] 焊接时可选用较之前略低温的焊药片，以防之前的焊缝裂开。经磁力抛光处理，完成流淌形态银戒指的制作。

第4章

金属表面处理工艺

SHOU SHI JI

由于历史的原因，首饰的材质主要以贵金属为主。进入现代社会，设计艺术崛起，首饰的用材不再局限于贵重材质，廉价材质的运用屡见不鲜，廉价金属的使用早已不足为奇，比如紫铜、黄铜、青铜、白铜、锡、镍、铝、不锈钢、铁等。虽然这些材质的固有价值并不算高，但设计师却以异常严谨和珍惜的态度来对待这些廉价金属。同时，也随着现代金属加工技术的进步，金属表面处理工艺也是不断地更新迭代，制造了许多精彩纷呈的金属着色范例。

目前来看，金属表面处理的方式多种多样。金属着色包括化学法、电化学法和热处理法等，金属着色可以直接在金属表面上进行，也可以在金属表面镀上适当的镀层再着色。可着色的金属或合金有：铜、银、锌、镍、铝以及它们的合金等。除了表面化学着色外，还有电解、物理、机械、热处理等方式，使金属表面形成膜层、镀膜或涂层。现代首饰制作中，金属表面处理工艺更是花样翻新，如通过采用浸涂、刷涂、喷涂等方法，在金属表面涂覆有机涂层；

▲ 不同颜色的色粉

还可以覆盖珐琅，将经过粉碎、研磨的珐琅釉料覆盖在金属表面；也可以把岩画色粉用鹿胶、猪皮胶、鱼胶等粘贴在金属表面，形成特有的颗粒状的表面效果。此外，传统工艺美术制作常用的贴金箔、银箔的方法也可以运用到首饰制作中，甚至用彩色铅笔在金属表面涂抹颜色，把蛋壳、木粉、碳粉、铝粉等材料覆盖在金属表面，都可以产生奇效，使首饰作品散发五彩的光芒。

▲ 贴金箔

》》 4.1 彩铅着色工艺

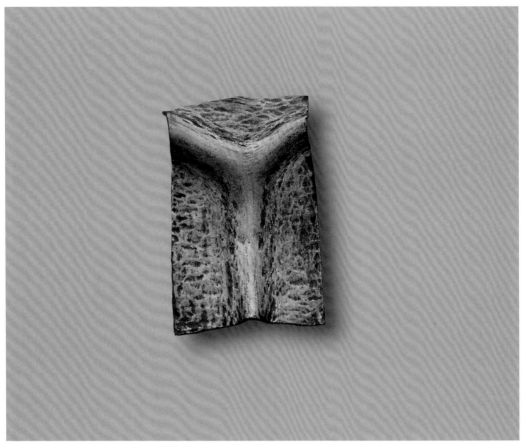

▲ 彩铅着色饰片（曹毕飞演示）

1 用铁锤在木墩上锤敲紫铜片，建议铁锤上有肌理，这样在锤揲过程中可在紫铜片上形成不同的表面肌理，有助于彩色铅笔的附着。

2 采用喷砂机进行造粒和表面净化处理。喷砂机的砂粒最好为粗颗粒，如50、80、100等目数为佳。喷砂后禁止使用手直接接触紫铜片。

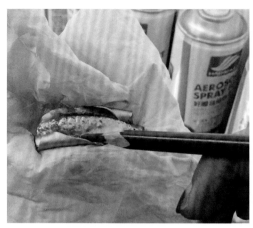

3 在干净的紫铜片上进行着色。不能使用水溶性彩色铅笔，而应使用油性彩色铅笔。

4 根据需要进行做旧，可以把没有着色的部分进行氧化处理，形成深灰色或深黑色，与已经着色部分形成对比效果。

5 选择哑光或亮光喷漆，分别在饰片的正反面进行三层喷漆保护处理。注意每次喷漆之后需要等待自然风干后再进行下一次喷漆。

6 漆干之后，完成紫铜片的彩铅着色处理。

》》4.2　贴金箔工艺

▲ 贴金箔胸针（胡俊演示）

1 一般来讲，贴金箔是首饰制作的最后一道工序。因为金箔贴好以后比较脆弱，最好不要用力触碰金箔。准备好需要贴金箔的饰件，以及贴金箔的胶水。

2 用干净、柔软的毛笔，蘸上胶水，轻轻在需要贴金箔的部位涂抹胶水，注意涂抹均匀。

3 胶水涂抹之后，静置5分钟左右，胶水处于半干状态。此时，可以开始贴金箔。不要把金箔从金箔纸上揭下来，可直接手持金箔纸，连同金箔一起贴上去。

4 也可以用木镊子或竹镊子，轻轻从金箔纸上揭下金箔，再轻轻覆于需要贴金箔的表面。

5 用干净、干燥的毛笔，轻轻触碰金箔，把金箔贴于表面。一定要注意触碰的力度，因为金箔极易破损，也极易被毛笔粘起来。

6 用干净、干燥的毛笔，刷去多余的、散落在区域之外的金箔。

7 检查金箔区域的表面，发现有遗漏或者有金箔贴得不够厚实的地方，要用柔软、干净的小毛笔重新涂胶水，再贴金箔。

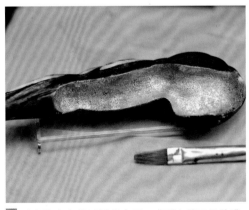

8 再次检查金箔区域的表面，直到金箔已经贴满，也足够厚实。用干净的毛笔轻轻刷掉多余的金箔，完成操作。

》》4.3　矿物颜料着色工艺

▲ 矿物颜料着色小饰件（胡俊演示）

1 准备一块鹿胶，重量约为3g。这种鹿胶在画材店都能买到。把鹿胶浸泡在水杯里，水杯里放约50mL的清水，浸泡一夜，约12小时。

2 把水杯连同清水和鹿胶一起放入盛有清水的小锅中。给小锅加热，使锅里的水变热，再把热量传递给水杯，使水杯里的水和鹿胶受热。这种加热的方法叫"隔水加热"。

3 加热约20分钟，使水杯里的鹿胶变成软体，呈透明状，微微发亮，即可停止加热。取出水杯，待鹿胶变凉后备用。

4 准备好需要着色的饰件，并把着色区域用锉子和砂纸打磨干净，清洗备用。

5 用干净的毛笔蘸着鹿胶，涂抹在需要着色的区域。

6 趁胶水未干，用手指捏起矿物颜料，撒在着色区域，注意一次不要撒太多。

7 待胶水干后，再涂一遍胶水，趁胶水未干，用手指捏起矿物颜料，继续在着色区域撒颜料，注意一次不要撒太多。

8 如此反复多次，当颜料达到足够的厚度，停止撒颜料，完成矿物颜料的着色。

第

⑤

章

珐琅工艺

珐琅的基本成分为石英、长石、硼砂和氟化物，与陶瓷釉、琉璃、玻璃同属硅酸盐类物质。依据具体加工工艺的不同，可分为掐丝珐琅、錾胎珐琅、画珐琅和透光珐琅等。珐琅工艺是一种古老的装饰工艺，常用于装饰金属、玻璃或陶瓷制品。珐琅工艺是指将釉料涂抹在物体上，然后将物件放进窑炉中焙烧，珐琅熔化并硬化成光滑、耐用的玻璃涂层。在硅质粉末中加入某些金属矿物质，就可以制造出多色的珐琅。

景泰蓝是最古老且最著名的珐琅工艺之一，广泛应用于贵金属制品和金匠行业。它的名字来源于法语单词（Cloison），意为"隔间"或"隔断"。简单来说，景泰蓝工艺过程分为三个阶段。首先，把金、银、黄铜或紫铜制成的扁平金属丝焊接在金属物体的表面，从而形成分隔的小空间。接下来，这些分隔的隔间要么用宝石或其他珍贵材料来镶嵌，要么用五颜六色的珐琅来填充。最后，整件器物在窑炉中焙烧，再经打磨与抛光，完成制作。

景泰蓝在中国明朝和清朝的艺术品中屡见不鲜，此外，在中世纪基督教艺术、中东伊斯兰艺术以及东罗马帝国的拜占庭文化中，也是享有盛誉。在日本，珐琅工艺是江户时代（1603～1868年）和明治时期（1868～1912年）最为流行的装饰工艺。此后，一种更为先进、

▲ 装饰艺术运动时期的珐琅胸针

▲ 19世纪欧洲的珐琅工艺品

视觉效果更好的景泰蓝技法被称为"Plique-A-jour"问世了，这种技法中的"隔间"是用丝线临时制作而成，待珐琅完成焙烧、珐琅完全冷却之后，这些丝线会被移除。在罗马艺术时期，景泰蓝在欧洲逐渐被"Champlevé"珐琅取代，这种珐琅使用凹陷的而不是凸起的隔间。

最早的珐琅作品出现在古埃及的珠宝艺术中，如法老佩戴的胸针。公元前12世纪，塞浦路斯的随葬器也可见到珐琅工艺的运用。后来，珐琅工艺被西哥特人广泛采用，他们的金匠将珐琅工艺与石榴石、黄金和多色釉料结合在一起。与此同时，以君士坦丁堡为中心的东罗马帝国的工匠，以及西欧的凯尔特人，他们的金属工艺也达到较高的水平，创造了细丝珐琅工艺，这对爱尔兰和英格兰北部修道院的早期基督教艺术都产生了巨大的影响。这种风格在亚琛的查理曼大帝（King Charlemagne in Aachen）加洛林艺术时期，以及后来的奥托艺术时期（Ottonian Art）也被反复模仿，奥托艺术本身就是德国中世纪艺术的杰出代表，如盖罗十字架（Gero Cross）（公元965～970年）、埃森的金色圣母像（the Golden Madonna of Essen）（公元980年）和奥托与玛蒂尔达的十字架（the Cross of Otto and Mathilda）（公元973年）。珐琅工艺也是摩桑艺术（Mosan Art）的特有工艺。摩桑艺术是一个罗马文化的地区性流派，以今天比利时的列日为中心。由戈德弗洛德·克莱尔（Godefraid de Claire，公元1100～1173年）和凡尔登的尼古拉斯（Nicholas of Verdun，公元1156～1232年）等金匠领导的这场工艺运动，以景泰蓝和细丝珐琅工艺而闻名于世。

景泰蓝于14世纪传入我国，时值明朝。最受推崇的景泰蓝工艺品是在宣德皇帝和景泰皇帝统治时期（1450～1457年）制造的。1453年君士坦丁堡被洗劫一空之后，众多拜占庭工匠的到来，可能使中国景泰蓝产业受益匪浅。无论如何，中国景泰蓝工艺品是世界上最负盛名的。进入现代艺术时代，珐琅工艺在世纪之交的俄罗斯达到了顶峰，代表人物是银匠赫列布尼科夫（Khlebnikov）和金匠法贝热（Fabergé），他们为圣彼得堡的罗曼诺夫家族创作了大量的珐琅工艺杰作。

▲ 法贝热彩蛋作品

5.1 银胎珐琅工艺

刻花内填珐琅

▲ 银胎珐琅胸针（徐思庆演示）

1 选择一块长46mm、宽30mm、厚1.2mm的银片，用CNC数控雕刻机在银片上雕刻图案。如图为完成图案雕刻的银片，稍微修整银片，把银片清洗干净备用。

2 为了增加透明珐琅的反光效果及颜色的通透，在上釉前还要对胎体进行雕刻处理。先用1mm刀宽的平头刀进行背景部分的底纹雕刻，雕刻时左手按住工件，右手执刀，刀与工件成45°夹角为宜，均匀用力前推的同时左右旋动刀具进行雕刻。

3 花瓣部分底纹的处理与背景略有不同，用尖刀依据花瓣的朝向，分别刮出平行线底纹。

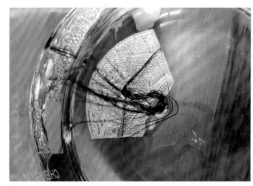

4 雕刻完成后，用尖刀清理残留碎屑，然后用镊子调整被刻刀触碰变形的银丝线条。再用软毛刷沾洗涤剂水仔细刷洗胎体，把油污及异物清理干净，然后用清水冲洗，最后用沸水浸泡10分钟。

5 准备好脱脂纱布、胶头滴管、细勾线笔及珐琅釉料。将釉料装入小瓶中，加入适量的水便于吸管吸取，选择中、细、特细胶头滴管作为主要上色工具，特细勾线笔作为杂色清理工具，并准备一大杯清水以备清洗工具之用。

6 上釉时先从花和枝干开始，五瓣梅花做粉色渐变，外深内浅，花芯用红黄色，其他花蕾用粉色，深浅红黄色加以点缀，枝干用绿色。

7 花卉上色完成后进行背景填釉。由于要做深浅冰裂效果，所以，先用透白点出所有浅色部分，然后用深蓝点出所有深色部分，随后用中蓝把底色上满。

8 每填完一种颜色都要及时把多余水分吸干，清水清洗滴管后，再吸新的颜色然后上色，保持吸管干净。如果局部有颜色相互串色，可用勾线笔进行清理。

9　为了避免作品变形，背面要挂一层背釉同时烧制。

10　珐琅炉预热到750°，开始进炉烧制，烧釉时要注意观察釉面的变化，来判断釉料是否彻底熔化，必要时可以打开炉门查看。

11　焙烧完成后，釉料部分会下陷，形成低洼，所以，还要再按照前面的顺序再次上釉，直到烧成后釉面与银丝齐平为止。

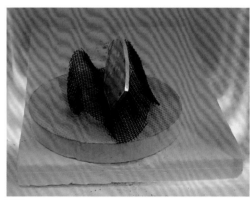

12　在焙烧的过程中，颜色会有变化，所以烧制作品前一定要做试色板试色。放平饰件焙烧时会发生背釉脱落，可以把饰件立起来放置，进行烧制。

13　完成焙烧后，依次用240、400、800、1000号油石条进行打磨，注意力度要均匀，避免把作品压变形。

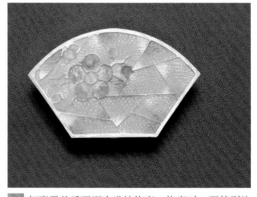

14　打磨平整后要再次进炉烧亮，烧亮时，要特别注意火候的控制，尤其不能烧过，避免由于釉面的流动造成串色。烧亮完成后，用2000目胶皮磨头将金属部分抛光上亮，最后装上背针，制作完成。

5.2　铜胎珐琅工艺

蹿釉

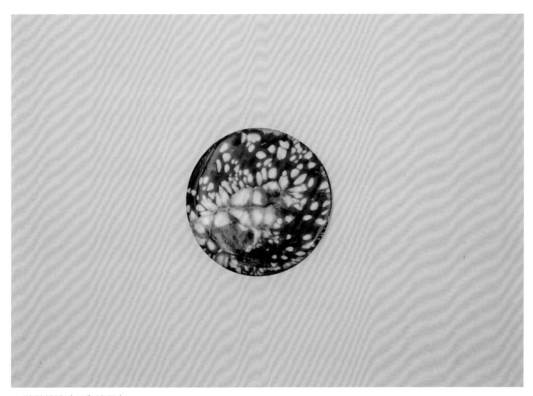

▲ 蹿釉技法（王印演示）

1 准备一块厚度为0.8mm、直径为32mm的紫铜圆片，这是金属胎，对紫铜片进行高温处理，之后锉修打磨和酸洗。

2 选择紫铜片的一面作为背面，在其上覆盖一层釉料作为背釉，厚度约为1mm。用纸巾吸干釉料水分，放置电炉的外上方，借助电炉的热度彻底烤干釉料。

3 放入电炉中焙烧，温度为780℃左右，约2分钟，釉料熔化，取出。此时，紫铜片的正面会有大量的氧化层，需要清理。

4 将紫铜片放入20%的稀硫酸中浸泡5分钟左右，再用铜刷蘸苏打粉清洁紫铜片的表面，待清洗干净后，在表面覆盖一层厚度约为1mm的瓷白釉料。

5 用纸巾吸干釉料水分，放置电炉的外上方，借助电炉的热度彻底烤干釉料。放入电炉中焙烧，温度为780℃左右，约2分钟，釉料熔化，取出。

6 在烧制好的瓷白表面覆盖各色釉料，厚度约为1mm，烤干水分。

7 把电炉的温度调至比常规温度高出50℃左右。假如平常烧制珐琅的温度为780℃，那么，可以将温度调至830℃。

8 待电炉温度升至830℃，将填好釉料的圆片放入炉腔中焙烧约4分钟。焙烧时，一定要先将圆片放平在支架上，不能倾斜，否则，釉料会流向圆片的一端，造成厚薄不均。

9 釉料融化之后，取出工件，可见釉料在熔化的状态下，几乎不能辨别色彩的差异。

10 使工件自然冷却。在冷却的过程中，色彩逐渐显现出来，不同颜色的釉料相互蹿色，十分好看。

11 通常，背釉与支架会发生粘连，可用金刚砂打磨头对其修整。此外，工件的侧面也会有氧化层和多余的釉料，继续修整。

12 用400目和800目的砂纸卷打磨工件的侧面，使之光滑。完成珐琅饰片的制作。

5.3　透光珐琅工艺

▲ 透光珐琅烧制（卢艺演示）

1 准备一片厚度为1mm的925银片，锯出所需形态，用记号笔画出形态中需要镂空的纹样。

2 用锯子镂空形态中的纹样。

③ 完成镂空作业，用砂纸打磨表面，用圆锉修整镂空纹样的形体。

④ 清洗珐琅釉料，反复清洗，洗得越干净越好，否则，珐琅烧结后，容易出现气泡。清洗结束后，加入适量胶水待用。

⑤ 用特细的毛笔蘸着珐琅，小心地沿镂空形体的下部的内壁涂抹珐琅，一次涂抹不可太多，以珐琅不会掉落为宜。

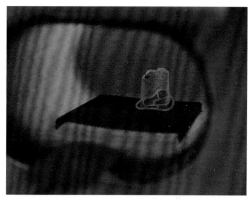

⑥ 把涂抹第一遍的工件放入电炉焙烧，温度为745℃。温度一到，马上取出工件，肉眼可见工件中的珐琅并没有完全熔化，用镊子轻轻触碰珐琅，珐琅不会掉落。

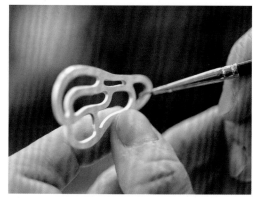

⑦ 把工件颠倒过来，小心地沿镂空形体的下部（之前为上部）的内壁涂抹珐琅，一次涂抹不可太多，以珐琅不会掉落为宜。然后进炉焙烧，操作同前。

⑧ 取出工件，再次把工件颠倒过来，小心地沿镂空形体的下部的内壁涂抹珐琅，一次涂抹不可太多，以珐琅不会掉落为宜。然后进炉焙烧，操作同前。

9 取出工件，再次颠倒工件，上釉，焙烧，操作同前。镂空纹样里的空间渐渐被充满。

10 取出工件，再次颠倒工件，上釉，焙烧，操作同前。镂空纹样里的空间渐渐被充满。

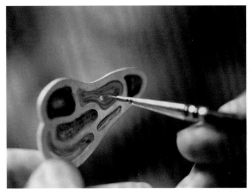

11 取出工件，再次颠倒工件，上釉，焙烧，操作同前。镂空纹样里的空间逐渐闭合，直到完全被充满。

12 放入电炉焙烧，温度为745℃。温度一到，马上取出工件，肉眼可见工件中的珐琅并没有完全熔化，用镊子轻轻地触碰珐琅，珐琅不会掉落。

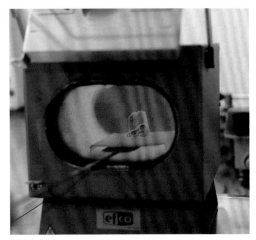

13 此时，观察工件，如有裂隙，需要再次补足釉料。调高电炉温度至810℃，焙烧工件，使珐琅完全熔化。

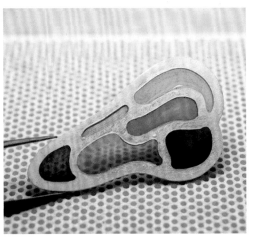

14 观察工件，如有气泡，可多次焙烧工件，使气泡完全消失，完成制作。

5.4　画珐琅工艺

▲ 画珐琅饰片（卢艺演示）

1 准备一块厚度为0.8mm、直径为32mm的紫铜圆片，敲成凸形。其中，凸面为正面，凹面为背面。在背面烧一层透白背釉。

2 在凸面烧一层瓷白色，为画珐琅的底色。焙烧温度为760℃左右。

3 把200目的珐琅釉料与植物精油混合，再加极少量的调和油（中和油），用玻璃研磨棒调和均匀，之后，放入颜料小格中备用。

4 用00000号毛笔，蘸着釉料画图，先用棕色描画轮廓线。

5 进炉焙烧，温度为760℃，时间约为2分钟。

6 完成第一遍画珐琅后，继续用00000号毛笔蘸着釉料画图，逐渐深入描绘。进炉焙烧，温度为760℃，时间约为2分钟。

7 继续用00000号毛笔蘸着釉料画图，深入描绘细节的同时描画背景。进炉焙烧，温度为760℃，时间约为2分钟。

8 不断描绘细节，增加画面的层次感，直到画面描绘得十分充分为止。进炉焙烧，温度为760℃，时间约为2分钟。完成画珐琅饰片的制作。

5.5　叠烧打磨工艺

▲ 叠烧珐琅饰片（周佳慧演示）

1 准备一块厚度为1mm的紫铜片、若干颜色珐琅釉料，以及一片银箔。

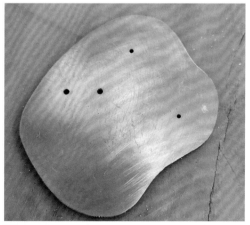

2 用锯子沿着铜板上画好的轮廓线将底板锯下。用锉子将底板边缘打磨光滑，再用砂纸将铜板表面的杂质和污垢打磨干净，并在清水中清洗、晾干。

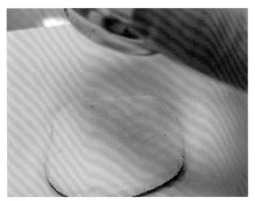

3 在铜板上薄薄喷一层水，用筛网均匀地在铜板撒上一层瓷白色釉料。

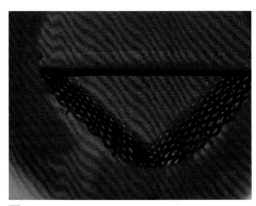

4 放入780℃的电炉中焙烧2分钟，观察到釉料熔化，表面变得平整即可。

5 待冷却后刷洗干净，以同样的方式烧制底釉，防止之后釉料出现开裂、脱落等现象。

6 用筛网、蓝枪等工具根据画面需要在瓷白底釉上均匀地上一层釉料，然后用纸巾将釉料中的水分吸干。

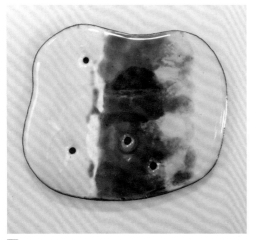

7 将干燥后的釉料再次放入780℃的炉中焙烧2分钟后放凉。

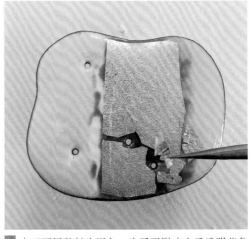

8 由于下层釉料为深色，为了不影响之后透明蓝色釉料的显色，在深色区域薄薄喷一层水后贴上银箔，轻轻用纸巾按压平整。

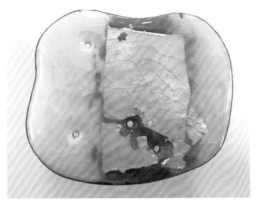

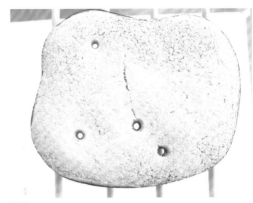

9 用筛网整体撒上一遍透明的浅蓝色釉料，可以在局部撒上其他颜色的透明釉料做出渐变效果，进炉780℃焙烧2分钟。

10 待珐琅件冷却后，再次用筛网均匀地撒上一层瓷白釉，同样780℃焙烧，时间为50秒，制作出糖霜状的效果来模拟雪地的感觉。

11 先选取较细的金刚砂钻头，依据提前设计好的图案打磨出轮廓，之后，可选择稍粗的钻头依次打磨，露出下一层颜色，形成不同颜色和深浅变换的造型。

12 打磨好的珐琅用黄铜刷刷干净后晾干，用小筛网对局部进行补釉，在打磨处的边缘与糖霜状釉料交界处撒上一些釉料进行过渡。

13 放入780℃的炉中焙烧50秒，完成烧亮，同时也使刚刚的补釉呈现糖霜状效果。

14 待珐琅件冷却后，用手轻轻摩擦珐琅表面，如果没有釉料掉落，则说明烧制成功。

》》5.6 糖霜珐琅工艺

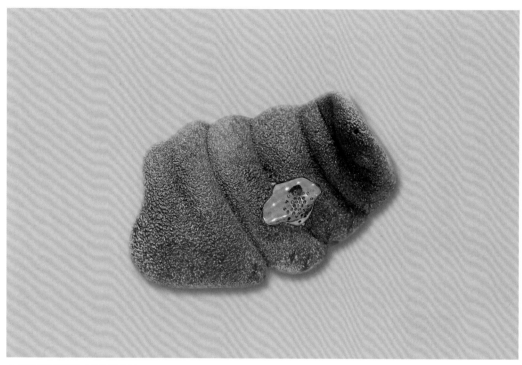

▲ 糖霜珐琅胸针（江闵演示）

1 提前完成金属胎底的制作，注意金属胎底的制作中尽量减少焊点，以防熔烧珐琅时焊点被熔化而断开。

2 可以先在铜片上试验糖霜珐琅的烧制，从而掌握珐琅即将熔化时的温度。因为糖霜珐琅工艺对珐琅的熔化状态要求相当严格，珐琅不能完全熔化，而只能处于即将熔化的状态。

3 把胎体打磨清洗干净，用筛子把珐琅筛到胎体的表面，不要一次铺满。

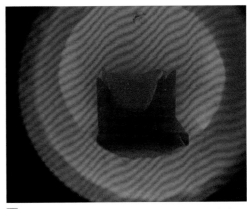

4 把工件放入电炉中焙烧，温度大约790℃。但每一个电炉的温度不尽相同，所以，焙烧时需时刻观察珐琅的熔化状态。

5 观察到珐琅即将开始熔化的瞬间，打开电炉门，迅速取出工件。自然放凉后再次用筛子把珐琅筛到胎体的表面，这一次可以铺满工件的表面。

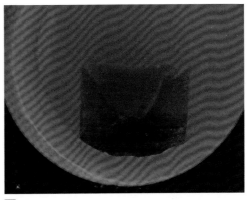

6 再把工件放入电炉中焙烧，密切关注珐琅的熔化状态。待珐琅即将开始熔化时，取出工件，自然放凉。

7 用手指轻触珐琅表面，能感觉到珐琅的颗粒感，但珐琅又不会脱落，则说明糖霜珐琅的烧造成功了。

8 糖霜珐琅烧造的关键在于火候的掌控。温度不能高也不能低，温度高了，珐琅会熔化，不会产生"霜"，温度低了，珐琅则会脱落。所以，需多次试验才能掌握火候。

首饰制作高级篇

第**6**章

铸造工艺

SHOU SHI JI

远在石器时代，人们逐渐认识到金属矿石可以被冶炼，冶炼后得到的金属可以用于铸造，并且，人们可以利用石器工具对这些金属进行切割、劈裂、切削和弯折等进一步的加工操作，于是，新的金属加工工艺的可能性就出现了。因为，金属在加热到足够高的温度时会变成溶液，所以，只要金属在熔化的状态下能够被某种型腔所容纳，冷却和凝固之后，它就可以形成各种各样的新形态。而随着铸造模具的发明和广泛使用，金属铸造工艺也得到了长足的发展。

铸造工艺于公元前4000年的晚期得以成形，这归功于冶金技术的不断提高。那时，人们已经可以从矿石中提取金属，主要是铜金属。大约一千年后，金、银、锑和铅的冶炼技术也得到发展，青铜合金也被发明出来。在不断进步的铸造技术的推动下，铸造模具从简单的单体开放式模具，发展到双体闭合式模具。最终，通过使用这种模具，并借助蜡材，人们可以多次复制产品，实现批量生产的铸造工艺得到了大力的推广。这种铸造方法可以克服金属铸造器物总是残留模具边缝的问题，并由此确立了失蜡铸造工艺在金属铸造史上的重要地位。

今天，远古的铸造工艺仍然被首饰制造者所使用，甚至有些铸造法与它们刚刚被发明出来的时候没有多大变化。当然，也有相当多的铸造法已经发展成为十分精细的工艺技术，并运用了特殊的材料来铸造，以满足日益增长的批量生产的要求。

失蜡铸造的过程中，模具通常由一次性使用的材料制成，而铸件则用蜡或者复合蜡材雕刻而成，蜡材可以在低温状态下从模具中脱离，而不至于损坏模具。脱掉蜡材之后，在它原来的位置就会留下一个空腔，然后，这个空腔被注入熔化的金属，我们就得到了与蜡材同样形态的金属铸件。

这种技术被称为"Cire Perdue"，该词来自法语"Cire"（英语"Wax"的意思）和"Perdue"（英语"Lost"的意思），因此，英语中是"Lost Wax"，中文则为"失蜡"或"脱蜡"。

对首饰制造者来说，失蜡铸造法的主要吸引力在于，蜡材的可塑性是珠宝首饰制造中任何其他材料所无法比拟的。因为，蜡是一种可以同时在固态或液态中被使用的材料，所以，蜡可以在多种条件下，被塑造成多种多样的形态，这意味着蜡在形态和结构处理方面都具有无限的可能性。因此，蜡模取代了珠宝制造者

▲ 对铸件进行执模操作

先前使用的那些耗时耗力制作出来的各种铸模。珠宝制造者通过锯切、雕塑、焊接以及结合其他装饰工艺的方法，来获得丰富的蜡模造型。如果蜡模的表现一直都如此优秀，那么，珠宝制作者就会一直使用蜡材来制模。只要浇铸过程没有出错，最终的铸件就不会有问题。此外，蜡模被广泛使用还有另外一个非常重要的原因：蜡很容易在低温下从模具中脱离出来。

在失蜡铸造的过程中，设计师的创造性工作通常可以从以下几个方面得以体现：蜡模制作、塑形、肌理制作，以及对铸件最终效果的预估。事实上，虽然铸造是一种十分常见的金属加工工艺，但对操作者个人的技能程度还是有较高要求的，毕竟，失蜡铸造的专业人员都是间接地作用于金属，铸造之后的工序则交由其他工艺师进行处理，可以说，铸造师是金属铸件的第一道关口。

除了失蜡铸造外，首饰制作常用的铸造法还有砂铸、墨鱼骨铸造等方法。应该说，每一种铸造法都有其独特的工艺流程，获得的最终效果也各不相同，均呈现不同的肌理和美学特征。对于现代首饰设计师来说，熟练地掌握各种铸造工艺，并巧妙地利用不同铸造法的美学特征来开展设计工作，是一项具有一定挑战性的课题。

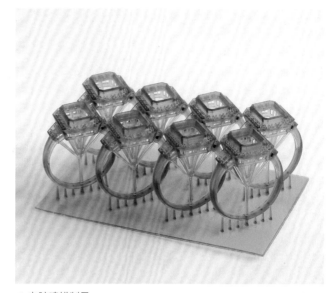

▲ 电脑喷蜡制品

▲ 黄金和白银铸件

6.1　雕蜡工艺

浮雕

▲ 浮雕花卉胸牌（刘晋雅演示）

[1] 裁切一块厚度为5mm的绿蜡，用锯子和锉子把蜡块修整为正圆形，在圆形中描绘花卉的线条纹样。用斜刀铲掉底纹，掏出足够的深度。

[2] 掏完底纹，继续用斜刀雕刻花卉纹，开始塑造花卉的起伏感，使花卉的表面具有高低之分。

3 加大花卉的高低起伏，使它有足够的高度来塑造花卉的细节。

4 用斜刀塑造每一片花瓣的造型。首先雕出每一片花瓣的大关系，也就是花瓣的高低起伏与倾斜感。

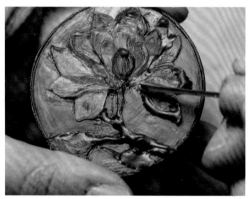

5 用较小的斜刀、三角刀和圆刀，深入刻画塑造每一片花瓣的起伏关系，如果有高度不足的地方，可以用电热笔添加补足。

6 电热笔是雕蜡的必备工具，它可以起到添加、补足、熔断、黏合蜡件的作用。补足了绿蜡之后，再用各种刀具雕刻花瓣的局部和细节。

7 观察花卉胸牌的整体雕刻状况，注意要主次分明。继续雕刻叶片的叶脉，使一些细节更为突出。用平刀修平底纹，并用三角刀在底纹上刻画细小的线条作为装饰。

8 用细砂纸轻轻打磨花瓣凸起的部分，使花卉的造型变得圆润饱满。最后用波头和掏底刀给蜡件背部掏底，完成蜡件的雕刻。注意掏底后，蜡件的厚度不能低于0.6mm。

圆雕花卉

▲ 圆雕花卉（刘晋雅演示）

1 裁切一块高度为3cm的绿蜡，用锯子和锉子把蜡块修整为圆柱体，在圆柱体中描绘花卉的纹样。用斜刀铲出花瓣的外轮廓。

2 依据花瓣的外轮廓，继续用斜刀雕出花瓣与花瓣之间的空隙。

③ 用细一点的斜刀继续加大花瓣的造型，使它显露出足够的高度。

④ 从侧面观察花朵的整体造型，用斜刀把每一片花瓣的外延空间都雕刻得比较充分。

⑤ 用较小的斜刀、三角刀和圆刀，深入刻画每一片花瓣的起伏关系，如果有高度不足的地方，可以用电热笔添加补足。然后用掏底刀把花朵掏空，使花朵形成空腔。

⑥ 用电热笔把几节蜡棒粘连在一起，形成花枝，用雕蜡专用锉子锉修，然后在它上面雕刻一些细小的线条装饰。

⑦ 用电热笔把花枝与花朵粘连在一起，用细小的雕刀对粘连处进行修饰，也可以用小锉子对粘连处进行锉修，清除多余的蜡。

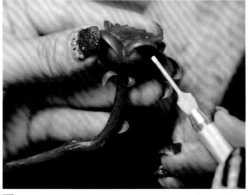

⑧ 检查花朵的整体造型，用柔软的纺织面料轻擦蜡件的表面，使蜡件表面呈现柔和的光泽，完成花朵圆雕的制作。

圆雕几何形体

▲ 圆雕几何形体（陈嘉慧演示）

1 裁切数块长3cm、宽2cm、厚0.8cm的蜡块，在蜡块上用针尖笔把几何造型刻画出来。

2 依据几何形体的外轮廓线，用锯子锯出形体的外轮廓。

3 用雕蜡专用锉子锉修蜡件的外形，使蜡件的外形呈现规矩的平面和角度。

4 用波针和狼牙棒去除蜡件中间的部分，使蜡件呈现中空的造型，再用锉子修整蜡件的内壁，使之平整。

5 用斜刀在蜡件的立边扎出许多刀痕，制作肌理效果，使蜡件产生一定的厚重感。

6 重复同样的步骤继续雕刻，最后完成21件造型相同的蜡件，送到铸造部门，实行浇铸。

7 经过植蜡树、脱蜡、熔金以及浇铸等步骤，把蜡件铸造成银饰件。

8 用锯子锯掉银饰件的水口，再用锉子修整，使银饰件的表面平整，完成作品的制作。

6.2 蜂蜡工艺

▲ 蜂蜡铸造（胡俊演示）

[1] 准备一块蜂蜡。目前，市场上能买到蜂蜡，产品的种类较多。

[2] 把一块蜂蜡放进清水中，用小火加热清水，使水保持在50℃左右。水不要太热，否则蜂蜡太软不便于塑形。

3 待蜂蜡被热水泡软之后，就可以用手直接塑形，此时可以塑造非常自由的形态。此外，蜂蜡也可以经过电烙铁加热，进行熔接操作。

4 蜂蜡在50℃左右最有利于塑形，反复尝试，可以制作各种造型的蜂蜡。

5 把制作好的蜂蜡造型都种植在蜡树上，所有蜡件通过一根稍细的"支干"与"主干"相连。连接完成，形同一棵树。注意所有的"支干"都必须与"主干"形成45°左右的倾斜度（如何种植蜡树详见6.4）。

6 用胶带从下至上包裹铸缸的外壁，必须包裹严实，不能有缝隙。顶端必须敞开。

7 准备1.5kg的铸造专用石膏，这种石膏凝固后有极好的透气性，颗粒也相当细腻。称重后，倒入小桶，以1∶1.5的比例加入清水，搅拌均匀。

8 把灌满了石膏水的铸缸放到抽真空机的罩子里，打开开关，开始抽真空。此时，铸缸内的石膏水会像开水一样沸腾，这说明里面的空气在向外抽出。

9 完成抽真空之后，把铸缸从抽真空机里拿出来，静置一旁，约24小时。

10 大约24小时之后，铸缸内的石膏已经干透了。此时，揭掉铸缸顶部的橡胶套，可以看到蜡树的"主干"。

11 在电炉炉腔的底部放一个铁盆，铁盆上放一个钢架子，撕掉铸缸外面的胶带，把它倒置过来，反扣在钢架上。这样，铸缸受热之后，里面的蜡就会熔化，滴落到钢架下面的铁盆里，铸缸内形成空腔。

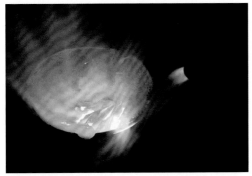

12 电炉逐渐升温，这是一个缓慢的过程，大约8个小时之后，电炉温度达到800℃，铸缸里的蜡已经彻底熔化挥发了。此时，开始化料。

13 当金属料接近熔化时，迅速用夹钳从电炉里夹出铸缸，把铸缸扣在真空铸造机的铸造口内。

14 迅速把金属溶液倒进铸缸中，倒入的过程要一气呵成，不可中断，倒完料之后，迅速打开抽气阀，强大的吸力能够把金属溶液充分吸入到铸缸所有的空腔里。

15 大约3分钟之后，停止抽气。此时，铸缸的温度还是很高的，约有300℃。可以把铸缸整体浸泡在冷水里，石膏受冷剧烈收缩，很快就炸裂了。

16 取出铸件，检查所有工件是否铸造完整。

17 用水口钳剪断所有的"支干"，也就是水口，把饰件都剪下来。

18 剪下所有饰件，根据需要，对饰件进行修整、执模和抛光，完成蜂蜡制作。

6.3　蜡件掏底工艺

▲ 蜡件掏底（张囡、刘晨演示）

1 准备雕蜡工具：吊机、各种尺寸的磨头、内卡尺、毛刷等。另外，备好需要掏底的蜡件，待蜡件的外表处理完成之后，用蜡锯锯开蜡件，并打磨平整。

2 选择大号球针，球针的尺寸比掏底的部分略小一圈，使用减蜡法，整体打掉三分之二的蜡，注意边缘部分的厚度尽量一致。

3 用小号球针继续打掉多余的蜡，注意打磨时用力要均匀，不可薄厚不均。

4 继续打薄蜡件的中间及边缘部分，边打磨边用内卡尺对整体和边缘的厚度进行测量。此时，厚度为1～1.5mm。

5 继续用小号球针掏底，当蜡件的壁厚减到1mm左右的时候，要特别小心，需一边掏底一边旋转观察蜡件的壁厚，以免厚薄不均和掏得太薄。

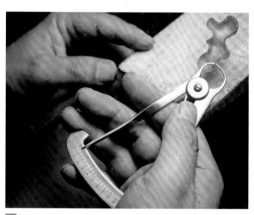

6 一般来讲，蜡件掏底之后，最终的厚度不能低于0.6mm，所以，掏底不能掏得太薄。

7 打磨时，蜡的粉末会四处飞溅，可以用稍硬一点的毛刷及时清理蜡件，便于随时观察蜡件的掏底程度。

8 接近完成时，在灯下逆光观察蜡件，如果厚薄比较完美的话，蜡件会整体呈现均匀的半透明状，如果厚薄不一，则需进一步调整。

6.4 失蜡铸造工艺

▲ 失蜡法铸造（胡俊演示）

1 根据需要选择不同的雕蜡刀对绿蜡进行雕刻，雕刻风格不限。蜡件雕刻完成，准备失蜡铸造。

2 首先植蜡树，是把蜡件都种植在一起，形同一棵树，所以叫蜡树。在铸缸的橡胶套中央的孔洞里，插上一根与孔洞相同直径的蜡棍，它是蜡树的"主干"。

3 把所有蜡件通过一根稍细的"支干"与"主干"相连。连接完成，形同一棵树。注意所有的"支干"都必须与"主干"形成45°左右的倾斜度。

4 完成植蜡树，把铸缸牢牢扣在橡胶套上，观察缸内的状况，注意不能有任何蜡件接触到铸缸的内壁。

5 用胶带从下至上包裹铸缸的外壁，必须包裹严实，不能有缝隙。顶端必须敞开。

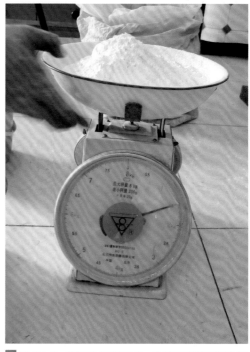

6 准备1.5kg的铸造专用石膏，这种石膏凝固后有极好的透气性，颗粒也相当细腻。称重后，倒入小桶，以1∶1.5的比例加入清水，搅拌均匀。

7 沿着铸缸内壁，缓缓倒入石膏水，倒的力度一定要小，否则，石膏水会冲垮蜡树，或者冲断"小树枝"，造成不可弥补的破坏。

8 把灌满了石膏水的铸缸放到抽真空机的罩子里，打开开关，开始抽真空。此时，铸缸内的石膏水会像开水一样沸腾，这说明里面的空气在向外抽出。

9 完成抽真空之后，把铸缸从抽真空机里拿出来，静置一旁，约24小时。

10 大约24小时之后，铸缸内的石膏已经干透了。此时，揭掉铸缸顶部的橡胶套，可以看到蜡树的"主干"。

11 在电炉炉腔的底部放一个铁盆，铁盆上放一个钢架子，撕掉铸缸外面的胶带，把它倒置过来，反扣在钢架上。这样，铸缸受热之后，里面的蜡就会熔化，滴落到钢架下面的铁盆里，铸缸内形成空腔。

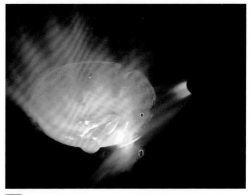

12 电炉逐渐升温，这是一个缓慢的过程，大约8个小时之后，电炉温度达到800℃，铸缸里的蜡已经彻底熔化挥发了。此时开始化料。

13 当金属料几近熔化时，迅速用夹钳从电炉里夹出铸缸，把铸缸扣在真空铸造机的铸造口内。

14 迅速把金属溶液倒进铸缸中，倒入的过程要一气呵成，不可中断，倒完料之后，迅速打开抽气阀，强大的吸力能够把金属溶液充分吸入到铸缸所有的空腔里。

15 大约3分钟之后，停止抽气。此时，铸缸的温度还是很高的，约有300℃。可以用冷水对其进行浇灌，石膏受冷剧烈收缩，很快就炸裂了。

16 取出铸件，用水口钳剪断所有的"支干"，也就是水口，把饰件都剪下来。然后，就可以对每一个饰件进行下一步的加工，失蜡铸造就此完成。

⟫⟫ 6.5　墨鱼骨铸造工艺

▲ 墨鱼骨铸造戒指（刘小奇演示）

1 准备工具和材料，包括墨鱼骨、锡块、火枪、勺、铁丝等。

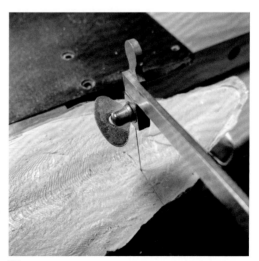

2 选择墨鱼骨中段最厚实的部分作为模具材料，厚度为2～3cm，长度约为10cm，并将多余的部分锯切掉。

3 将墨鱼骨的边缘进行锯切修缮，确保在后续捆绑墨鱼骨时，金属丝可以与墨鱼骨紧密贴合。

4 将墨鱼骨内侧在砂纸上打磨，并最终形成一个平面。

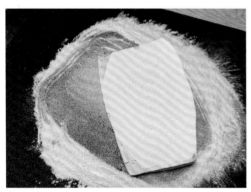

5 重复上述步骤，完成墨鱼骨模具的另一半的加工。

6 将素面戒指放置在模具三分之一处进行按压，当戒指嵌入墨鱼骨一少半即可停止，注意按压时力道要轻柔，不要将墨鱼骨压碎。将牙签锯切成4个1cm长的小段，插入模具的四个角，作为锁点使用，以确保两片模具在闭合时不会错位。

7 将另一半墨鱼骨覆盖在此片墨鱼骨之上，并进行按压，直到两片墨鱼骨可以紧密贴合在一起。打开墨鱼骨，轻轻取出戒指，检查模型是否完整。用刻刀在戒指的上方挖好出水口，并在下方轻轻挖出5条排气通道。注意通道方向与角度，通道不易过深，避免金属在铸造时漏出。

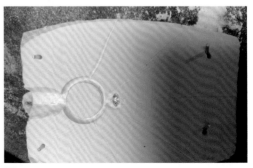

8 将锆石放置在合适的位置（戒圈下方或者戒圈内）。如果放置在戒圈下方，则需要对宝石进行压模，并用刻刀在宝石周围刻出足够的包裹空间，使金属流入后可以将宝石镶嵌住。

9 通过锁点将两片模具按照原位置闭合（此时宝石在模具内），并用铁丝牢牢捆绑住模具。

10 将模具稳固地放置于隔热砖上，确保模具不会滑动。

11 用火枪加热锡料，使其全部熔化，并慢慢注入模具，并检查锡料是否从模具漏出。

12 模具自然放凉，冷却后打开模具，取出铸件，完成墨鱼骨铸造的制作。

>>> 6.6　砂铸工艺

▲ 砂铸戒指（曾昭胜演示）

1 在进行翻砂铸造之前，准备工具，包括喷壶、砂铸铝环、红砂、手术刀、粗钻头。

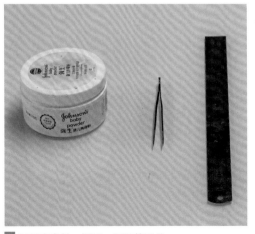

2 以及爽身粉、镊子、钢尺等用品。

③ 一边搅拌红砂一边用喷壶在红砂上喷水，保证红砂松软和潮湿。

④ 分开模具，将下半部分的铝环里灌满红砂并压紧，确保红砂的密度。

⑤ 用直尺将多余的红砂铲掉。

⑥ 在红砂表面扑上一层爽身粉，便于更轻松地分开两个模具。

⑦ 把需要铸造的蜡模放在模具上并且压实，任何坚硬抗压的材料都可以当作砂铸模具，如木头、树脂、金属等。

⑧ 将蜡模的一半高度压入红砂里。

9 再将上半部分的铝环盖上。

10 将粗钻头的一半放入铝环内部，作为水口柱。

11 再盖上红砂，并压实。

12 小心地将两个砂铸铝环分开，取出蜡模并扩大水口柱。

13 用手术刀在上下模具印记的四周划出放射线，并在放射线末端挖出一点红砂作为排气口。

14 将宝石放在模具印记的外围。

15 盖好砂铸铝环，再用纸胶带将两侧粘好。

16 将模具放到焊接台准备浇铸。

17 在浇铸过程中要做好防护工作，穿戴好防护服，浇铸口一侧最好不要站人。

18 将熔化好的金属料从水口倒入模具中。

19 待温度降下来，小心地打开砂铸铝环。

20 得到一个镶嵌宝石的戒指圈，用专业剪钳剪掉水口，根据需要执模，完成砂铸工作。

第**7**章

宝石镶嵌工艺

SHOU SHI JI

在首饰制作工艺当中，宝石镶嵌工艺属于难度较大的工艺，它需要制作者具有相当高超的制作技艺。所谓镶嵌，是指将一个物体嵌入另一个物体中，使二者固定。"镶"是指把物体嵌入，"嵌"是指把小物体卡紧在大物体的空隙里。而宝石镶嵌工艺，则是指将宝石（含天然、人工合成的宝石与半宝石等）用各种适当的方法固定在底托上的一种首饰加工工艺。

宝石何其美丽，但是，如果没有与之匹配的镶嵌工艺，宝石则无法佩戴在人们的身上，宝石之美也就得不到展示。众所周知，宝石的种类和雕琢的形状也是多种多样的，其光泽与亮度令人炫目。不同的宝石有不同的特点和美感，为了最大程度地展现各色宝石的璀璨和美丽，自古以来，无数的工匠呕心沥血，发明创造了各式各样的宝石镶嵌工艺，使美丽的宝石成为装饰品。以下介绍几种常用的宝石镶嵌工艺。

包镶

包镶一般适用于透明素面宝石、不透明素面宝石、透明与不透明刻面宝石，尤其体积较大的拱面宝石，因为较大的拱面宝石用爪镶工艺不容易将其扣牢，而且长爪比较影响美观。包镶的具体做法是用金属沿着宝石的周边包围嵌紧，故名"包镶"，是宝石镶嵌工艺中镶嵌最为稳固的方法。

根据是否使用包边又可以把包镶分为有边包镶和无边包镶两种，有边包镶宝石周围有金属边包裹，这种包镶十分常见，无边包镶就是包裹宝石的并非环状金属，而是片状金属，主要用于小颗粒宝石或副石的镶嵌。另外，根据金属边包裹宝石的范围大小，又可分为全包镶、半包镶和齿包镶，其中齿包镶为马眼形宝石的镶嵌方法，只包裹住宝石的顶角，又称"包角

镶"。采用包镶工艺镶嵌宝石比较牢固，适合于颗粒较大、价格昂贵、色彩鲜艳的宝玉石镶嵌，如大颗粒的钻石、素面形或马鞍形的翡翠等玉石戒面，都适合采用包镶工艺，但它也有短处，就是由于有金属边的包裹，透射入宝石内的光线相对较少，而且宝石的暴露面积也有所减少，因此不适于透明度高、火彩突出，以及体积较小的宝石。

爪镶

爪镶又叫"齿镶"，意为用牙齿咬住宝石的镶嵌法，而"爪镶"的名称则意为用爪子抓牢宝石。其具体做法是用坚硬的金属丝做成爪或齿，向宝石方向收紧，从而扣住宝石。爪镶

▲ 包镶首饰

▲ 爪镶首饰

▲ 针镶首饰

▲ 闷镶首饰

是宝石镶嵌工艺中最常见且操作相对简单的一种工艺，也是最快速和实用的镶法。根据金属齿或爪的曲直可分"爪镶"和"直齿镶"，而根据镶嵌宝石的数量又分独镶和群镶，独镶是指在镶口上仅仅镶嵌一颗体积相对较大的宝石（主石），以体现主石的光彩与价值；群镶则是指除主石外，还配以体积相对较小的副石的镶嵌方法，且副石的数量相对较多。爪镶能够最大程度地突出宝石的光学效果，相对其他镶嵌方法而言，它对宝石的遮盖最少，款式的变化和适用性也最为广泛。爪镶可分为二爪、三爪、四爪和六爪等，四爪镶和六爪镶都是经典的造型，能够把钻石高高托起，光线可从四周照射钻石，使钻石显得无比晶莹剔透、华丽高贵。

爪镶工艺的特点是能够最大限度地突出宝石的体积，让光线较多地透入宝石，增加宝石的火彩，比较适合于透明宝石的镶嵌，如钻石、水晶、红宝石、蓝宝石、托帕石、尖晶石、碧玺、祖母绿、橄榄石、石榴石等。

针镶

针镶又叫"插镶"，主要用于珍珠等球形宝石的镶嵌。就是在珍珠或者球形宝石上打孔之后，在底托上焊接一根金属针，然后把金属针

插进珍珠或者球形宝石的孔洞中，达到固定宝石的镶嵌手法。它对珍珠等球形宝石几乎无任何遮挡，宝石的美丽显露无遗。

闷镶

闷镶是在镶口的四周挤压出一圈金属边，利用这个金属边压住宝石的一种镶嵌工艺。这种镶法多用于小颗粒宝石的镶嵌。闷镶也叫"光圈镶""埋镶""抹镶"等，工艺上有点类似包镶。宝石陷入金属边内，宝石的外围有一个微微下陷的金属边，光照之下犹如环绕一个光环。由于这个金属光环的存在，宝石的体积视觉上感觉有所增大，而且这个光环也有一定的装饰性。

轨道镶

轨道镶又叫"槽镶""壁镶"，从字面意思来理解，就是在金属槽状镶口内镶嵌宝玉石，像一条铁轨，宝石并排相连，煞是好看。具体做法是先在金属托架上铣出沟槽，然后把宝石放进沟槽之中，再把沟槽的两边收紧，卡住宝石的腰部，从而达到镶牢宝石的目的。轨道镶适用于体积或直径相同的宝石，圆形、方形、长方形、梯形的宝石均可，一颗接一颗的连续镶嵌于金属轨道中，其镶嵌面十分平滑，有很好的节

▲ 轨道镶首饰

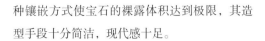

种镶嵌方式使宝石的裸露体积达到极限，其造型手段十分简洁，现代感十足。

奏感。这种镶嵌方法能更好地保护宝石，使宝石连成一片，从而产生密集排列的视觉效果。

起钉镶

起钉镶又称"硬镶"，是在金属面上用抢刀铲起一些小钉做镶爪，压弯后镶住宝石的一种方法。根据铲起的金属钉的形状可分为三角钉、四方钉、梅花钉、五角钉等。起钉镶主要用于多颗小颗粒副石的镶嵌，具有一定的随意性。由于镶爪是用手工雕琢完成，工艺难度大，技术要求高，需要勤学苦练才能熟练掌握。

逼镶

逼镶也叫"卡镶""迫镶"，其原理是利用金属的张力来夹紧宝石的腰部，从而达到固定宝石的目的，是一种非常时尚的镶嵌方法，这

无边镶

无边镶又称"隐秘式镶嵌"，顾名思义，是一种看不到金属镶边的技法，宝石与宝石之间看不到任何金属边或齿，它是首饰镶嵌技术中难度非常大的一种，具体做法是用金属槽或轨道固定住宝石下端，并借助宝石之间以及宝石与金属之间的压力固定住宝石，当人们俯视宝石时，镶口是被遮挡的，看不到凹槽的痕迹，这种技术很难掌握，它要求宝石的大小、切工高度一致，误差不超过千分之三。这种镶嵌法在课堂上通常只是原理讲授，较少实践，因为缺乏必要的工艺条件和课时量。

上述的诸多镶嵌工艺通常都有固定的、有章可循的工艺流程和特点，还有一种镶嵌法是无章可循的，就是所谓"个性镶嵌工艺"。相对于常规镶嵌方式而言，个性化镶嵌工艺没有固定形制，它由具体的设计方案来决定，设计师可以根据被镶嵌物的形状和特点来量身定制相应的镶嵌法，任意发挥自己的想象力，具有强烈的个性化趋势。

▲ 起钉镶首饰

▲ 逼镶首饰

▲ 无边镶首饰

≫ 7.1 包镶工艺

▲ 包镶钻石吊坠（曾昭胜演示）

1 用软火加热火漆使之变软，注意加热时不要只对着一个方向烧，要环绕四周烧灼，避免火漆四周的软硬度不同。

2 趁热把吊坠镶口放在火漆上，注意吊坠镶口要放平。

3 趁火漆没有完全硬化，将镶口内的火漆按低，以防后期镶嵌时火漆顶住宝石。

4 准备好显微镜，将其调整到合适的高度和清晰度。

5 把宝石放在镶口上，比对一下大小，一般来讲，以宝石遮盖镶口壁厚的1/2为最佳。

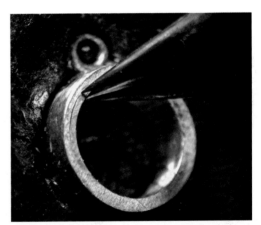

6 用圆规在镶口的台面划出宝石的外轮廓线，作为下一步刮铣的辅助线。

7 选择大小合适的球针，刮铣镶口内壁，扩大槽位，注意刮铣内壁时，不要超过刚刚圆规画的辅助线的位置，刮铣的深度约为1mm。

8 刮铣镶口内壁时，要边刮边试，不要一步到位。直到镶口台面恰好位于宝石台面与腰线的1/2处，停止刮铣。

9 将宝石放入槽位，压实，调整位置，摆放平整。

10 用錾子用力顶镶口的外壁，使镶口从呈对角线的四个点的位置来卡住宝石。

11 用力要平均，避免在后期敲击镶口时，宝石收到震动而产生歪斜。

12 一只手用小锤子匀速匀力敲击錾子，另一只手捏着錾子在镶口台面不停地来回滑动，注意敲击的力气不要过大，否则会挤碎宝石。直到镶口内壁完全贴合宝石，没有缝隙，停止敲击。

13 用铲刀沿着镶口内壁，铲掉多余的金属，使金属包边整齐、顺滑。

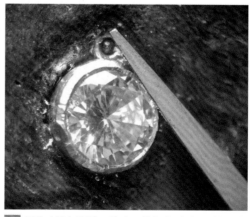

14 用竹叶锉打磨镶口外壁，使包边更平整顺滑，完成包镶制作。

7.2　爪镶工艺

▲ 爪镶青金石戒指（胡俊演示）

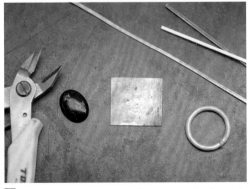

1 准备一块青金石、一块厚度为0.8mm的银片、一条壁厚为0.5mm的银扁丝、一根直径为3mm的银圆丝，以及一条壁厚为1mm的银方丝。

2 把壁厚为0.5mm的银扁丝紧贴着青金石底部的外轮廓绕一圈，绕好的这个圈就是青金石的底托。这个圈的大小与青金石的大小一致。

3 把这个绕成圈的银扁丝焊接好，焊接时用软火，因为软火可以避免银扁丝被烧化。

4 把焊接好的丝圈平放在银片上，依次摆放中温焊药，用软火加热，使金属件均匀受热。待焊药熔化，完成焊接。青金石的底托焊接完成。

5 把壁厚为1mm的银方丝摆放成十字形，在交叉的位置摆放高温焊药，用软火进行焊接。

6 十字形银丝弯曲成碗形，罩在青金石底托、扁丝圈的四周，需紧贴扁丝圈的四周，否则无法完成焊接。之后，摆放焊药，用软火进行焊接。

7 把焊接好的金属件用稀硫酸洗干净，再用镶爪专用剪钳把多余的十字形银丝剪掉，只留下四根银支柱，这就是青金石的镶爪。

8 用锯子把多余的银片锯掉，锯子可以依据青金石底托的外围进行操作。

⑨ 先用红柄锉把多余的银片锉掉，然后用油锉继续对青金石的底托进行锉修，直到底托的表面十分光滑平整。

⑩ 把事先做好的戒指圈摆放在底托的背面，调整好位置，放好中温焊药，用较硬的火进行焊接。操作时要眼疾手快，一旦焊药熔化，要及时撤火。

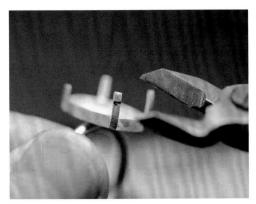

⑪ 用稀硫酸把金属件清洗干净，再用镶爪专用剪钳对镶爪进行修剪，剪掉多余部分，使镶爪的长度符合镶嵌要求。

⑫ 用油锉对镶爪的顶面进行锉修，使镶爪的顶面平整光滑，看不到任何划痕。

⑬ 把青金石放进底托，用装有塑料钳嘴的钳子夹紧镶爪，这种钳子不会对镶爪的表面造成伤害。压紧镶爪时，力度不可太大，避免对青金石造成损伤。

⑭ 完成镶嵌之后，用手轻推青金石，如果石头十分紧实，没有任何移动，则说明镶嵌十分合格。再根据需要对镶爪进行抛光。

>>> 7.3　针镶工艺

▲ 针镶珍珠胸针（赵亚楠演示）

1 在一片厚度为1mm的银片上锯出所需要的造型，然后用圆头锤把造型敲成凹坑状。

2 在一片厚度为1mm的银片上分别锯出所需要的五个圆圈，用砂纸把圆圈的表面打磨平整光滑。

3 把打磨好的五个圆圈按需要的造型排列在一起，摆放好高温焊药，用软火进行焊接。完成焊接后，用稀硫酸清洗干净。

4 把焊接好的五个圆圈放入窝墩中，用大号窝錾敲击圆圈造型，注意用力均匀。

5 敲击的过程中，如果发现圆圈造型已经变硬，就要及时退火，再继续敲击。否则，圆圈造型容易开裂。

6 把圆圈造型焊接到底托上面，再在底托上焊接细小的银针，这些银针用于珍珠的镶嵌。完成焊接后，用锉子对整个饰件进行修整。

7 用稀硫酸清洗饰件，然后用砂纸细心打磨，再用布轮进行抛光。在镶针上涂抹AB胶，把打好孔的珍珠小心地安插在镶针上。

8 安插好珍珠之后，不要触碰它，胶水完全干燥需要几个小时的时间。

》》7.4　闷镶工艺

▲ 闷镶锆石环形吊坠（关宇洋演示）

1 用软火把火漆烧软，趁火漆没有变硬之前，把925银环形吊坠摁在火漆上，并继续用软火加热，直到环形吊坠被火漆裹住，撤火，稍后火漆变硬，吊坠就被固定在火漆上了。

2 用直径为1.6mm的吸珠针在环形吊坠上定位，这些定位就是即将要镶嵌宝石的位置。

3 用直径0.6mm球针在宝石落位的中心点钻出凹点。

4 再用直径0.5mm钻头从凹点处钻过去，一次钻透。

5 依次使用直径0.8～1.5mm的球针扩充孔洞，也就是逐渐扩开通道，使通道的直径逐渐扩大。

6 宝石（直径1.5mm）落位，注意宝石放下去后，宝石的台面要与周围金属表面的高度一致。

7 用直径大于宝石的吸珠针来操作镶嵌，如直径为1.7mm的吸珠针。操作时把吸珠针夹紧在吊机的机头，吊机快速旋转，带动吸珠针也快速旋转。注意吸珠针旋转时，吸珠针要包住宝石，同时，用力按压宝石四周的金属。

8 通过按压宝石四周的金属，使宝石四周的金属向内收敛，从而达到包裹住宝石的效果。注意，此时宝石四周的金属表面会留有快速旋转的吸珠针划过之后的痕迹。

9 用软火烧火漆，趁热用镊子取下吊坠。

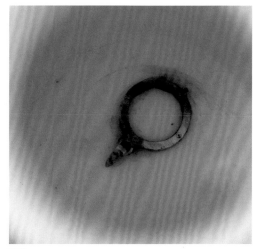

10 把完成镶嵌的吊坠泡在酒精里，洗去残留在吊坠上的火漆。

11 从酒精里取出吊坠，进行适度抛光，完成镶嵌宝石吊坠的制作。

7.5 铲边镶工艺

▲ 铲边镶锆石十字形吊坠（关宇洋演示）

1 用软火把火漆烧软，趁火漆没有变硬之前，把925银十字吊坠摁在火漆上，并继续用软火加热，直到十字吊坠被火漆裹住，撒火，稍后火漆变硬，十字吊坠就被固定在火漆上了。

2 用圆规的尖脚在十字吊坠上划出线条，这些线条就是即将要铲的边的位置，注意每一条铲边的宽度都相等。

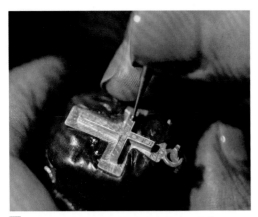

3 用直径为1.6mm的吸珠针在十字吊坠上定位。

4 注意吸珠针定位之后，每个宝石之间的距离应该均匀。

5 用直径0.6mm球针在宝石落位的中心点钻出凹点。再用直径0.5mm钻头从凹点处钻过去，一次钻透。

6 依照先前划好的线条用尖铲铲边。

7 依次使用直径0.8～1.5mm的球针扩充孔洞，也就是逐渐扩开通道，使通道的直径逐渐扩大。

8 用平铲修整铲边的侧面，注意不要碰到铲边的顶面，铲刀应该是沿着铲边向十字中心的方向切进去。

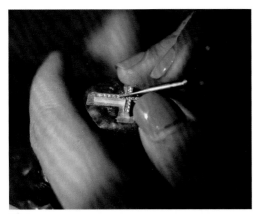

9 用牙针沿着孔洞的中线把孔洞之间的间隙切开。

10 切开之后，注意各部分的体积相等、大小均匀。

11 宝石（直径1.5mm）落位，用铲刀横向切分镶钉。

12 用吸珠针把正方形镶钉吸成圆形，用尖铲修整镶钉，并用铲刀修整镶钉之间的空间，使之干净整洁。然后用吸珠针把镶钉向宝石的方向推过去，注意用力均匀，从而固定住宝石。

13 用软火烧火漆，趁热用镊子取下十字吊坠。

14 把完成镶嵌的十字吊坠泡在酒精里，洗去残留在吊坠上的火漆。从酒精里取出吊坠，进行适度抛光，完成镶嵌宝石吊坠的制作。

7.6 虎口镶工艺

▲ 虎口镶锆石一字形吊坠（关宇洋演示）

1 用925银制作一根长形银条，顶端焊接圆环，装配跑链，整体可以作为吊坠佩戴。

2 用软火把火漆烧软，趁火漆没有变硬之前，把银条吊坠摁在火漆上，稍后火漆变硬，银条吊坠就被固定在火漆上了。

3 用针在银条上划线，找到宝石落位的中心点，再用直径1.6mm吸珠针定位。

4 用直径0.6mm球针在宝石落位的中心点钻出凹点。

5 再用直径0.5mm钻头从凹点处钻过去，一次钻透，打开通道。

6 依次使用直径0.8～1.5mm的球针扩充孔洞，也就是逐渐扩开通道，使通道的直径逐渐扩大。

7 用牙针切槽成长方形。

8 宝石（直径1.5mm）落位，用铲刀垂直切割镶钉，把长方形镶钉切成正方形镶钉。

9 用吸珠针把正方形镶钉的顶部磨成圆形，用尖铲修整镶钉。然后用吸珠针把镶钉向宝石的方向推过去，注意用力均匀，从而固定住宝石。

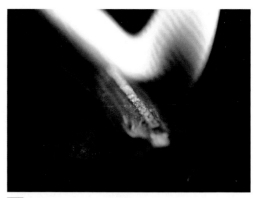

10 用软火烧火漆，趁热用镊子取下银吊坠。

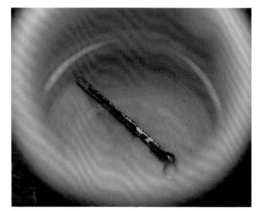

11 把完成镶嵌的银吊坠泡在酒精里，洗去残留在吊坠上的火漆。

12 从酒精里取出吊坠，进行适度抛光，完成镶嵌宝石吊坠的制作。

7.7　雪花镶工艺

▲ 雪花镶锆石吊坠（关宇洋演示）

1 用软火把火漆烧软，趁火漆没有变硬之前，把925银圆形吊坠摁在火漆上，并继续用软火加热，直到圆形吊坠被火漆裹住，撤火，稍后火漆变硬，吊坠就被固定在火漆上了。

2 用圆规的尖脚沿着圆形吊坠的边缘划线，这线条就是即将要铲的边的位置，注意铲边的宽度为2mm。

3 分别用直径为1.6mm和1.3mm的吸珠针在圆形吊坠上定位。

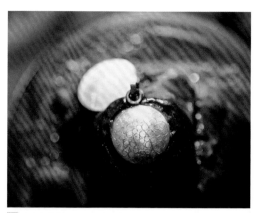

4 在圆形吊坠上完成定位之后，在圆形银片上可见吸珠针划过之后的圆形痕迹。

5 用直径0.6mm球针在每一个定位的中心点钻出凹点。

6 再用直径0.5mm钻头从凹点处钻过去，一次钻透。

7 依照先前用圆规尖脚划好的线条用尖铲铲边。

8 依次使用直径0.8～1.5mm的球针扩充孔洞，也就是逐渐扩开通道，使通道的直径逐渐扩大。这些扩大之后的孔洞就是宝石的镶口。

9 最终，完成扩充的宝石镶口的直径分别为1.2mm和1.5mm。

10 分别用铲刀和牙针把宝石镶口四周的金属进行切分，切分之后的金属呈柱状，这些柱状的金属就是镶爪。

11 宝石（直径1.5mm和1.2mm）落位，检查宝石的台面是否略低于镶爪。

12 用吸珠针把每一个柱状镶爪的顶部磨成圆形，再用铲刀修整镶爪之间的空隙，使之干净整洁。

13 然后用吸珠针摁住镶爪的顶部，手腕用力，把镶爪向宝石的方向推过去，注意用力均匀，从而固定住每一颗宝石。

14 用软火烧火漆，趁热用镊子取下吊坠。

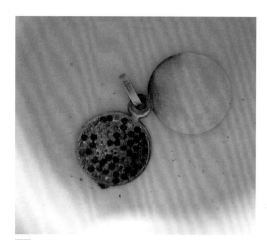

15 把完成镶嵌的吊坠泡在酒精里，洗去残留在吊坠上的火漆。

16 从酒精里取出吊坠，进行适度抛光，完成镶嵌宝石吊坠的制作。

7.8　轨道镶工艺

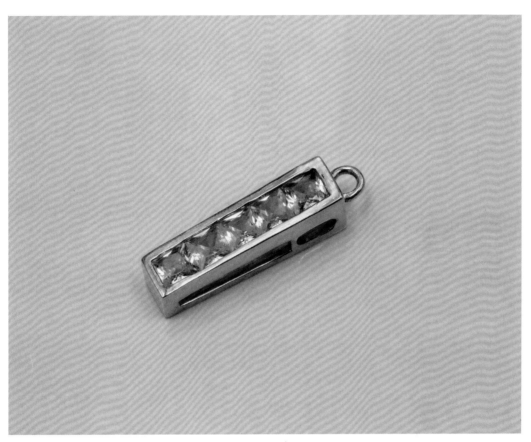

▲ 轨道镶锆石吊坠（曾昭胜演示）

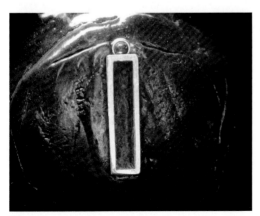

1 用软火把火漆烧软，趁火漆没有变硬之前，把925银吊坠摁在火漆上，稍后火漆变硬，吊坠就被固定在火漆上了。

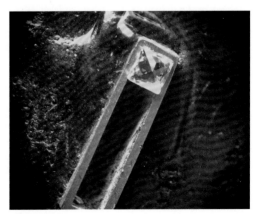

2 将宝石放在镶口上定位，以宝石遮盖镶口两边金属的1/3处为宜。

3 用圆规测量宝石台面至腰线的高度。

4 再用圆规在镶口的内壁将宝石台面至腰线的高度划出来，作为辅助线。

5 选用大小合适的飞碟针沿着辅助线下方开槽。

6 完成开槽之后，用尖嘴钳在镶口下方约1/3处向外掰开，作为宝石落位的入口。

7 用锓子夹住宝石，倾斜宝石，把宝石从豁口放入，然后放平宝石，滑至轨道的另一端。

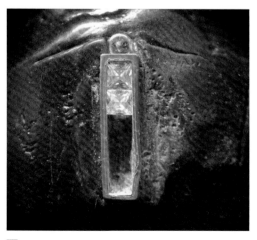

8 宝石依次滑入轨道镶口，注意宝石与宝石之间不能有缝隙。

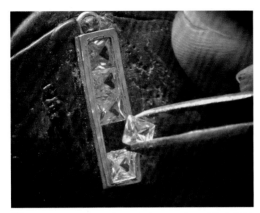

9 最后一颗宝石要从豁口处放入。所以要事先计算好豁口的准确位置。

10 用平行钳或尖嘴钳将轨道镶口夹紧、夹直，使镶口的两边完全平行，轨道成为直线。

11 把錾子垂直于镶口台面放置，用小锤子匀速匀力敲击錾子，迫打镶口台面，直到镶口挤压宝石，紧紧夹住宝石。

12 再用竹叶锉修整镶口的台面和外侧，使之顺滑平整，完成轨道镶嵌的制作。

≫ 7.9 张力镶工艺

▲ 张力镶红宝石戒指（曾昭胜演示）

1 将18K金戒指套在戒指棒上敲击，修整造型，用力要均匀。注意戒指的内径一定要略小于实际佩戴手指的直径。

2 测量红宝石的宽度，获得的数值减去1.5mm，然后在戒指上锯掉这个数值的宽度。假设宝石为5mm宽，那么，在戒指上锯掉3.5mm。

3 将戒指套在戒指微镶半球上，并将其稍稍撑大。

4 用圆规测量宝石腰线至台面的高度，再用圆规划出这个高度的辅助线。

5 沿着辅助线的下方开出刚好可以放下宝石的槽位。

6 完成开槽之后，将宝石的一侧放入槽位。

7 把戒指半球撑大，使宝石的另一端也落入槽位。

8 然后将戒指半球放松，检查红宝石是否被严严实实地卡在槽位，完成张力镶嵌。

》》7.10 逼镶工艺

▲ 逼镶锆石吊坠（曾昭胜演示）

1 加热火漆，趁热把吊坠摁进火漆里。把锆石落位，用圆规在镶口的台面划出宝石的外径线，也就是将要刮铣的镶口的辅助线。一般情况下，为追求最佳效果，镶口的壁厚较大，建议宝石遮盖壁厚的1/3处。

2 用球针刮铣镶口的内壁，在刮铣的过程中，可以不断把锆石落位，检查大小是否合适。注意切勿把槽位刮得过大过深。

3 完成镶口的刮铣之后，宝石落位。此时，从侧面看，镶口台面位于宝石台面与腰线的1/3处。

4 用纸胶带封住宝石与镶口的右侧，以便在敲击左边的镶口时，宝石不会受到震动而翘起来。

5 将錾子垂直于镶口的台面，匀速匀力敲击錾子，从而使镶口受到挤压。

6 敲击镶口的台面，利用白银的延展性，使白银横向延展，从而顶住宝石。

7 用铲刀修整镶口的内壁，使镶口内壁光滑平整。注意不要铲掉过多的内壁，以免宝石脱落。

8 用竹叶锉修整镶口的外壁和台面，使之平整顺滑。完成锆石吊坠的镶嵌。

第 8 章

木纹金工艺

SHOU SHI JI

木纹金是一种起源于日本的传统金属加工工艺，日文名为"木目金"，可以理解为"木材眼睛的金属"。英文为"Mokume Gane"，"Moku"意为"木材"、"me"意为"眼睛"，"木材的眼睛"就是木材的纹理、结瘤等，"Gane"意为"金属"。中文将该词译为"木纹金属工艺"，简称"木纹金"。

木纹金属工艺的做法很多，但基本原理是一样的，就是把色彩不同的金属，如白金、黄金、K金、玫瑰金、赤铜、白银、胧银、紫铜、黄铜、铁、钢、钛等金属叠置在一起，在高温高压状态下熔接，经过锻打、敲击、锤压、锯锉、打磨等手段，使金属的固有色层层叠加，产生丰富的自然纹理效果。

木纹金的制作程序极为复杂，工匠们长年积累的金属加工经验在木纹金制作程序中发挥了重要作用，一般经验欠缺的金工家不敢轻易尝试木纹金的制作，因此木纹金属工艺一直未得到普及，木纹金传世作品也相对较少。

木纹金虽源于日本，但从当今首饰艺术发展状况来看，日本之外的金工首饰艺术家似乎对木纹金的兴趣要高得多。在欧洲，也有许多金工首饰设计师尝试制作木纹金作品，经过多年的积累，他们已经熟练掌握了木纹金的加工技术。应该说，他们不但掌握了传统的木纹金加工工艺，而且不断有技法创新，形成了许多前所未见的纹理效果。例如，传统木纹金的选材一般为板材，这些金属板材层层叠加，呈现

▲ 木纹金首饰作品

木纹效果，而欧洲工艺师大胆选用线材来做木纹金，如银丝和铜丝相互缠绕，从而产生自然随意的线条和色块，除此以外，欧洲工艺师还在木纹金半成品中嵌入黄铜丝、黄金片、银片、银丝等材料，形成纵横交错的线条和肌理，有的设计师甚至故意在木纹金属块中留下缝隙，产生斑驳的艺术效果。可见，艺术创造永远没有限制，木纹金的纹理艺术效果同样没有章法可循，它只存在于艺术家的心灵中。

在中国，金工首饰艺术的发展方兴未艾，西方的工艺技术随同设计理念一起涌入中国，设计师和艺术家们如饥似渴地模仿和借鉴这些

新鲜事物。虽然中国同样具有悠久的金属加工历史，但日本的木纹金作品展现在中国同行的眼前时，设计师还是被木纹金的美丽所折服。可以说，木纹金已经引起了许多专业人员的极大关注，越来越多的金工首饰艺术家都愿意运用木纹金工艺来制作艺术作品。

木纹金原料的制作较为复杂，一般来说，分为裁片、打磨片材、堆叠片材、熔融、冷却、锻敲、轧薄等步骤。传统上，木纹金原料都由工匠自己制造，但在目前的市场中，木纹金原料容易购买，十分方便与快捷。

▲ 裁片

▲ 熔融

▲ 轧薄

》》 8.1 圈纹工艺

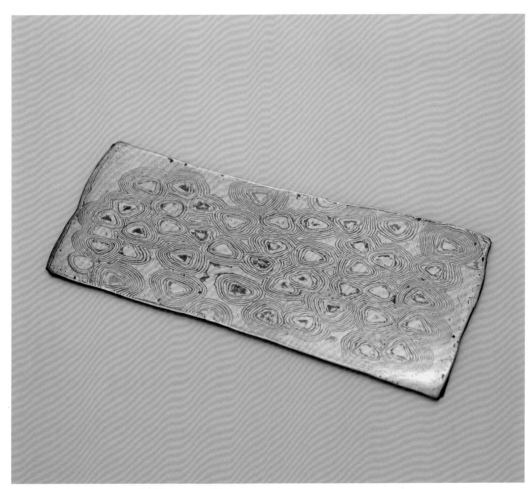

▲ 圈纹木纹金片制作（曹云飞演示）

1 准备一块厚度为7mm左右的木纹金原料，这块原料为黄铜和紫铜的木纹金熔融原料。

2 给木纹金原料退火，加热至原料通体呈现桃红色即可。

3 退火之后的木纹金原料自然冷却，再使用轧片机对其进行碾轧。注意每次碾轧的程度不可过大。

4 每次碾轧结束之后，都要对原料的边缘进行挫修，使原料的边缘始终保持齐整。

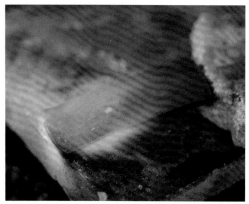

5 几次碾轧之后，木纹金片变硬，需要退火。如此反复操作，使木纹金片被碾轧得越来越薄。

6 最后，把木纹金片碾轧至2.7mm，停止碾轧。如图可见被碾轧完成后的厚度（左）与被碾轧之前的厚度（右）的对比。

7 用直径5mm的麻花钻头对木纹金片进行钻孔，注意钻孔的深度不可超过钻头的V形钻尖。也就是说，打出来的钻孔不能有垂直的内壁。

8 在木纹金片的表面完成钻孔操作，注意钻孔之间的距离保持基本匀称。

9 对钻孔之后的木纹金片进行退火，然后用轧片机进行碾轧，注意每一次碾轧的程度不能太大。

10 经过几次碾轧之后，木纹金片会变薄变硬，对其进行退火，再碾轧。

11 再经过碾轧之后，木纹金片又会变薄变硬，再对其进行退火，再碾轧，如此反复操作。

12 不断重复碾轧、退火，再碾轧、再退火的过程，直到木纹金片的表面不再有任何凹坑，呈现完全平整的状态。

13 观察木纹金片的表面，也可以用手去触摸，感觉不到表面有不平整的地方才算完成碾轧。

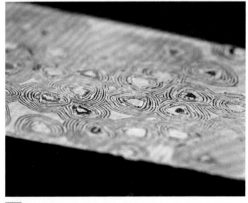

14 仔细观察木纹金片的表面纹理，呈现较为均匀分布的圈纹，这种圈纹装饰十分美丽。完成圈纹木纹金片的制作之后，就可以根据需要用它制作各种首饰。

8.2 几何纹工艺

▲ 几何纹木纹金片制作（曹云飞演示）

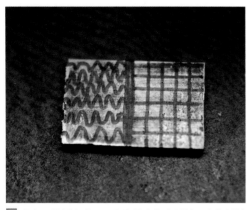

1 准备一块厚度为7mm左右的木纹金原料，这块原料为黄铜和紫铜的木纹金熔融原料。在原料上用黑色记号笔描画几何纹样。

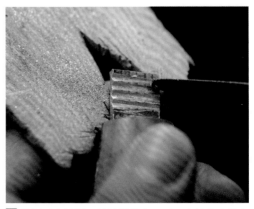

2 依据马克笔描画的纹样线条，用三角锉在木纹金片上锉出V形凹槽。

3 继续用三角锉依据马克笔描画的纹样线条进行锉磨，锉出V形凹槽，其深度超过木纹金片的一半。

4 完成锉磨之后的效果如图所示。此时，已经可以初见几何纹的布局。

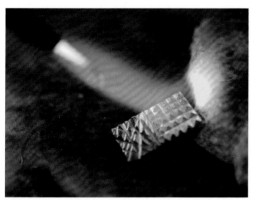

5 对完成锉磨之后的木纹金片退火，做好轧片之前的准备。退火之后的木纹金片需要自然冷却。

6 对冷却之后的木纹金片进行轧片，注意每一次轧片的程度不可太大，需要循序渐进，逐渐把木纹金片轧薄。

7 经过几次碾轧之后，木纹金片会变薄变硬，对其进行退火，再碾轧，直到木纹金片的表面完全平整，没有凹痕。在此过程中，注意观察它的几何纹的呈现状态。

8 仔细观察木纹金片的表面纹理，呈现几何纹，这种几何纹装饰十分美丽。完成几何纹木纹金片的制作之后，就可以根据需要用它制作各种首饰。

8.3　十字纹及斜纹工艺

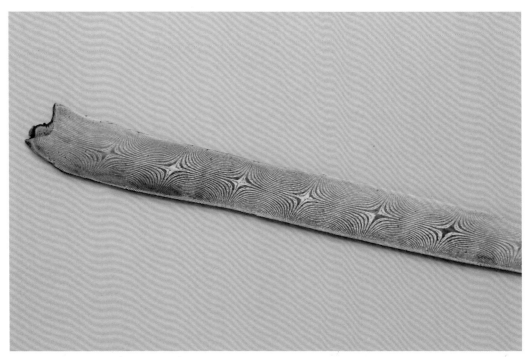

▲ 十字纹木纹金片制作（曹云飞演示）

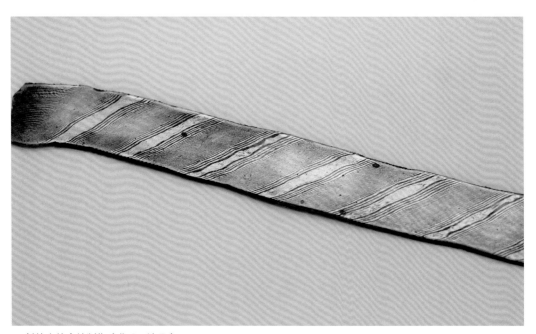

▲ 斜纹木纹金片制作（曹云飞演示）

1 准备一块长7cm、宽2.5cm、厚0.7cm的木纹金原料，这块原料为黄铜和紫铜的木纹金熔融原料。

2 把原料的四个边角用锉子锉成约45°的斜面，使原料的剖面呈八边形。

3 给原料退火，加热至原料呈现桃红色时停止退火，并把原料自然放凉。

4 对原料用轧丝机进行碾轧，使原料逐渐变长。注意每一次碾轧的程度不可过大。

5 用轧丝机进行碾轧的过程中，注意多次退火，因为原料经过碾轧之后会变硬。这样，经过不断地退火与碾轧，就可以把原料碾轧成自己想要的长度。

6 把木纹金条的一端用台钳固定住，另一端用活动扳手夹紧，然后开始使劲拧丝，把木纹金条拧成麻花状。拧丝期间，应该不断退火。

7 经过多次退火与拧结，原有的横切面为八边形的木纹金条逐渐变成横切面基本为圆形的木纹金丝。

8 用夹具夹紧木纹金丝，用红柄锉把木纹金丝表面凸起的棱角都锉掉。

9 用夹具夹紧木纹金丝，用锯子把木纹金丝从中间锯开。锯的时候不要用力过大，也不可操之过急，否则锯丝很容易折断。

10 木纹金丝被完全从中间锯开，成为两片。

11 把锯开后的木纹金丝中的一片用红柄锉将剖面锉平。

12 把木纹金用轧片机碾轧，将它碾轧成厚度为1.2mm平整的长条。注意碾轧的过程中要多次退火。

13 完成十字纹木纹金条的制作。可以根据需要选择
这块十字木纹金条制作首饰。

14 再选取锯开后的木纹金丝的另一片，将半圆的那
一面用红柄锉锉平。

15 把它用轧片机碾轧，最终碾轧成厚度为1.2mm平
整的长条。注意碾轧的过程中要多次退火。

16 完成斜纹木纹金条的制作，可以根据需要选择这
块斜纹木纹金条制作首饰。

8.4　十字纹木纹金棒制作工艺

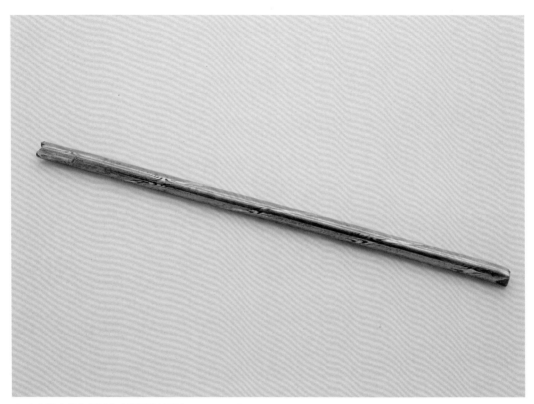

▲ 十字纹木纹金棒制作（曹云飞演示）

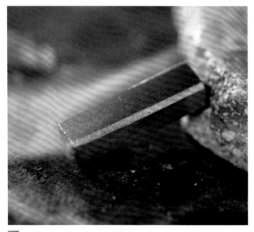

1 准备一块长7cm、宽2.5cm、厚0.7cm的木纹金原料，这块原料为黄铜和紫铜的木纹金熔融原料。把它的四个边角用锉子锉成约45°的斜面，使它的剖面呈八边形。给原料退火。

2 对原料用轧丝机进行碾轧，使原料逐渐变长。注意每一次碾轧的程度不可过大。

3 不断对原料进行碾轧。注意每一次碾轧的程度不可过大，要多次对原料进行退火，因为原料经过碾轧会变硬。

4 把木纹金条的一端用台钳固定住，另一端用活动扳手夹紧，然后开始使劲拧丝，把木纹金条拧成麻花状。

5 拧丝期间，应该不断退火。因为经过多次拧丝，原料会变硬。

6 经过多次退火与拧结，原有的横切面为八边形的木纹金条逐渐变成横切面基本为圆形的木纹金丝。

7 用红柄锉对木纹金棒的外围进行锉修，把金棒的凸起都锉掉，直至金棒的表面变得光滑。

8 把木纹金棒用轧丝机碾轧，最终碾轧成直径为5mm光滑的长条，完成十字纹金棒的制作。可以根据需要选择这块十字纹金棒制作首饰。

》》8.5 波浪纹工艺

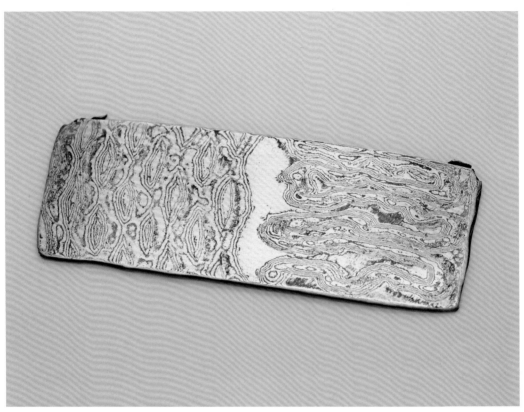

▲ 波浪纹木纹金片制作（曹云飞演示）

1 准备一块长7cm、宽3cm、厚2.5cm的木纹金原料，这块原料为黄铜和紫铜的木纹金熔融原料。

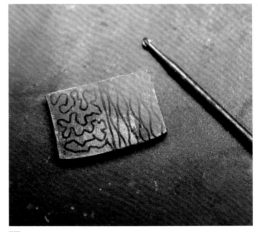

2 把这块原料的边缘锉整齐，退火，经过轧片机碾轧，轧至厚度为5mm的木纹金片，然后用记号笔在表面描画波浪纹。

3 用夹具夹紧木纹金片，依据记号笔描画的纹样，用球针把纹样打磨出来。

4 纹样打磨出来以后，检查纹样凹槽里是否有毛刺，清除这些毛刺，使凹槽内较为光滑。

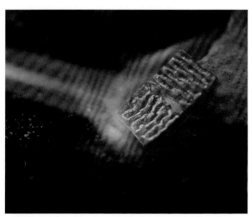

5 给木纹金退火，加热至呈现桃红色时停止退火，并把木纹金自然放凉。

6 对木纹金进行碾轧，注意每次碾轧的程度不可过大，以防木纹金片开裂。

7 给木纹金退火，再碾轧，如此反复操作，使木纹金不断变薄，期间保持多次退火。

8 把木纹金轧至1.5mm厚时，停止碾轧。检查表面是否平整光滑，完成波浪纹木纹金片的制作。可以根据需要选择这块波浪纹木纹金片制作首饰。

≫≫ 8.6　木纹金首饰制作工艺

▲ 木纹金戒指制作（王印演示）

1 准备纯金和纯银原料各50g左右。

2 把黄金原料制成长25mm、宽12mm、厚1mm的片状材料，共6片。把纯银原料也制成片状材料，尺寸与黄金片相同，共7片。将材料清洗干净。

3 金银片交叉叠置，共13层。先用透明胶带暂时绑定，放到夹具的两块夹板之间，再用螺丝固定。

4 撕去胶带，涂抹膏状硼砂，放入炉膛中用火枪烧灼。烧至金银叠片的边缘界限模糊，使低熔点的银与黄金四个侧面完全熔接在一起后，撤去焰炬。

5 待金银工件与夹具整体呈暗红色后，用火钳夹至铁砧上，垫一根木棒，用锤子敲击木棒末端，压迫夹具，使金银工件的熔接更为牢固。

6 让金银工件自然冷却，洗净，检查工件中金银片的熔接是否完整和充分。

7 用锯子从工件中锯下一块原料备用，退火。

8 把锯下来的原料用轧丝机碾轧，制成木纹金方丝。

9 用台钳固定木纹金丝的一端，另一端用扳手夹紧，然后拧麻花。

10 退火之后，再用轧丝机碾轧，轧成圆丝，之后再轧成扁平状。

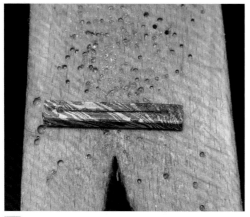

11 在木纹金块的一端钻一个孔，把锯丝穿过去，固定好锯丝。然后把木纹金块从中间锯开，但不可从头至尾都锯开。

12 退火之后，用尖錾子轻轻敲开木纹金中间的缝隙，逐渐扩大这个缝隙。

13 退火之后，继续扩大木纹金的缝隙，直到成为圆形，用戒指棒修整形体。

14 把多余的原料锉掉，再用砂纸修整，最后用布轮抛光，完成木纹金戒指的制作。

第 **9** 章

特殊制作工艺

SHOU SHI JI

≫≫ 9.1 贝雕工艺

人类使用贝壳作为装饰的历史最早可追溯到石器时代，在古希腊时期，就曾经盛行使用地中海出产的缠丝玛瑙贝壳（Sardonyx Shell）进行贝雕创作。这一技艺后来被法国人所掌握，当时意大利南部被法国统治，受到法国人的影响，意大利的那不勒斯成为世界贝雕艺术中心，贝雕这一技艺在意大利发展到了顶峰，又称为"Cameo"，绝大部分优秀的"Cameo"作品都产生于这个时期的意大利。"Cameo"中文音译"卡梅奥"，利用缠丝玛瑙层次分明的天然色彩进行创作，以深色玛瑙为底，将表面的浅色玛瑙精心雕去，露出深色的背景。最常见的贝壳材质有两种颜色，上层刻主体，底层做背景。同时存在多层的卡梅奥和单色的卡梅奥。

最早的卡梅奥贝雕工艺主要以雕刻动物纹样为主，工艺较为简单。后期随着工业生产的发展，雕刻主题开始向宗教、神话转变。雕刻材质主要是螺贝、水晶、珊瑚等，雕刻工艺日趋精致。随着卡梅奥贝雕工艺饰品的普及，王室成员纷纷为自己定制贝雕头像，为了显示王室的尊贵，贝雕工艺也结合了宝石镶嵌、贴金

等手法，视觉效果更加丰富。

维多利亚时期卡梅奥贝雕工艺风靡全欧洲，大家都以请贝雕大师定制头像并佩在身上为时尚。这股热潮催生了不少卡梅奥贝雕工艺大师，主要集中在德国和意大利。他们的卡梅奥贝雕工艺成品纤毫毕现、气韵生动。可以说，维多利亚时期是卡梅奥贝雕工艺的黄金时期。第二次世界大战以后，卡梅奥贝雕工艺的雕刻师日趋减少，材质也更多地选用人造材质，如亚克力、玻璃等。

最早的卡梅奥是采用宝石来雕刻的，但宝石的硬度较高，加工较为困难。后来，质地较软的贝壳成为主流的雕刻材质。主要的贝壳类材质有：缠丝玛瑙贝壳（Sardonyx Shell），下层为栗色、棕色，上层为白色；红玉髓贝壳（Cornelian Shell），下层为红褐色，上层为肉色，带有桃红色和橙色色调；粉贝壳（Pink Shell），外层为粉红色；老虎贝壳（Tiger Shell），外层表面为虎褐色。其他材料还有熔岩石、珊瑚、玛瑙、象牙、绿松石、青金石、玻璃等。

▲ 贝雕工艺戒指

▲ 贝雕工艺胸针

贝雕工艺制作

▲ 贝雕饰件制作【阿格涅希卡·基尔斯坦（Agnieszka Kiersztan）演示】

1 准备贝雕用的工具，包括吊机、金刚砂磨头、雕刀、酒精灯、火漆、砂纸、抛光轮等。

2 贝雕工艺多用产自撒丁岛的贝壳进行雕刻，自上古时期，它就是制作贝雕的上好材料。在成为贝雕材料之前，它必须经过彻底风干并切成小块。

3 用吊机安装较细的打磨头，清除粗糙、被海水侵蚀的贝壳表面。

4 把贝壳的表面清理干净，观察贝壳的厚度，根据贝壳的面积和厚度找到一个完全适合贝壳体积的设计方案。

5 一般来说，贝壳的表面以波浪形居多，这会导致图形设计方面的一点困难，所以必须让图形设计完美符合贝壳的外形。

6 用铅笔把将要雕刻的图形描绘到贝壳的表面，然后把贝壳粘贴到火漆木棒上。手持木棒，以便于雕刻工作的展开。

7 进行第一遍雕刻，雕刀的选择视具体情况而定，可选择平刀、斜刀、圆刀等。随着雕刻的深入，线描稿逐渐消失，需不断补画。事实上，设计稿也会不断修改，因为贝壳内部随时会有新的纹理和结构。

8 雕刻越深，颜色和阴影的变化就越大。所以，雕刻必须非常小心。为了完美地呈现设计稿，必须仔细掌握贝壳的内部结构与纹理。

9 贝雕是一项做"减法"的工艺过程，所以，雕刻时需倍加小心，以免造成不可弥补的损失。在制作的过程中会有修改设计的情况，既要充分利用贝壳的优点也要掩盖它的缺点。因此需要具备灵活性和创造性，在制作的过程中反复优化设计，改进雕刻方案。

10 用较为细小的雕刀雕刻细节，然后用稍微大一点的雕刀进行大面积修整。尤其是在修整面部以及平整的背景时，应使用大号的平刀进行雕刻。

11 在雕刻大面积的曲面时，也可以用金刚砂磨头进行雕刻。注意完善所有细节，如鼻翼、唇线以及花瓣的起伏和转折，以增加雕刻的层次感。

12 最后，用细砂纸轻轻打磨贝雕的表面，使之顺滑，完成贝雕制作。

>> 9.2 珠粒工艺

珠粒工艺是古代金属装饰艺术中最为神秘和迷人的工艺之一，又称缀焊金珠工艺、焊珠工艺、炸珠工艺、造粒工艺、金珠工艺等，属于细金工艺的一类。这种工艺把黄金或白银制成微小的颗粒，这些颗粒比粟米还要小得多，通常直径在1mm左右，在现代珠粒工艺中，珠粒的直径甚至可以达到0.3mm左右。再把这些珠粒焊接到金属胎体的表面，组成各种纹饰图案。现今，越来越多的珠宝品牌、首饰设计师将这种传统的珠宝加工工艺融入设计当中，借由传统工艺表达当代的审美需求，进一步提升品牌的文化艺术价值。

珠粒工艺的制作过程主要分为两个阶段，一为造粒，二位珠粒的焊接。据文献记载，珠粒工艺中造粒的方法较为多样，大致有以下三种方法：第一种，在水面下放置一块表面平滑的石头，然后将熔化的黄金液倒入水中的石头表面，黄金液遇到冷水凝结成金珠。第二种，把黄金或白银轧成薄片，再剪成大小均匀的小片，灼烧这些小片，把他们熔成小颗粒状，制成珠粒。第三种，在木炭块上钻挖一些小坑，将大小均匀的金银环或金银丝放在小坑内，用火灼烧使其熔化，熔化的金属在木炭的小坑内发生旋转而形成珠粒。

珠粒的焊接主要有以下三种方法：第一种，胶体焊接法，这是古代实现珠粒连接的主要方法，是指在金属表面涂抹胶体焊料，焊料可以是黄芪胶、鹿胶、鱼胶、铜粉和焊剂的混合物等，把珠粒摆放到位，用火灼烧，把有机胶烧掉，从化合物中释放出铜盐，焊料和铜盐的混合物降低了金属接触部位的熔点，从而使金属实现焊接。第二种，硬焊法，这种方法是指在金属胎体上，制作一些小凹坑或线槽，放置珠粒，然后将焊粉撒在珠粒与胎体的接触点，用火灼烧，实现焊接。第三种，熔接法，为了产生低熔点的合金，先给珠粒与胎体镀一层铜，然后在珠粒上涂抹焊粉和有机胶，并放置在金属胎体上，小火慢慢加热，有机胶碳化消失，金属实现熔接。

▲ 11世纪古埃及珠粒工艺戒指

古法黄金珠粒工艺制作

▲ 古法黄金珠粒工艺耳坠制作（尹衍雪演示）

1 用轧片机将22K金片轧到最薄状态（厚0.1~0.15mm），酸洗后，用剪刀将金片剪开，但不要剪断。

2 金片呈竖向平行剪开，不要剪断，每一条的宽度尽量保持相等和均匀。

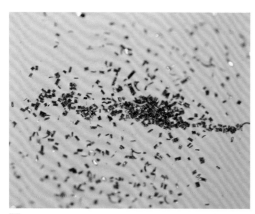

3 然后用剪刀横向把竖条剪断，把金片剪成均匀的小方片，这些小方片的大小尽量均匀。

4 把木炭研磨成粉末，加适量的水以及经过稀释的鱼胶溶液，调成糊状。

5 把调好的糊状物涂抹在耐火砖或焊瓦的表面。

6 把剪好的小金片均匀地撒在糊状物的表面。注意小金片的密度不要太大，小金片之间要留有空余。

7 开始灼烧小金片，注意要用较小的软火灼烧，把一块块小金片烧成一粒粒小金珠。

8 把小金珠放入稀硫酸中清洗干净。如有需要，可用不同目数的筛网对金珠进行筛选分组。

9 将22K金的胎体制作完毕，清洗干净。

10 在胎体的各个焊接处涂抹紫砂泥浆，加以保护，防止在后续的加热过程中，焊接处受热脱落。

11 将孔雀石块烧成黑色，研磨成粉末，加适量清水以及经过稀释的鱼胶，调成稀溶液状。

12 把调好的稀溶液状物质均匀涂抹在胎体的表面。

13 趁稀溶液状物质还没有干，将金珠摆放在胎体表面预定好的位置。

14 金珠在胎体上完成摆放后，再在上面撒一层经过烧灼的硼砂粉。硼砂经过烧灼之后为熟硼砂，受热不会膨胀，从而不会使金珠发生位移。

15 把工件放到木炭盆中。在工件上轻轻喷水，使硼砂粉渗入到更多的缝隙中。

16 再将烧过的孔雀石粉末撒到工件的表面。

17 在工件上轻轻喷水，使孔雀石粉末渗入到更多的缝隙中。

18 往木炭盆中鼓入空气，并用火枪辅助灼烧工件，使工件受热，整体通红，完成焊接。

19 把工件放入稀硫酸溶液中酸洗。

20 组装好耳坠配件，完成古法黄金珠粒工艺耳坠的制作。

9.3 花丝工艺

花丝首饰制作工艺是我国传统的首饰制作工艺，由于用料昂贵，工艺繁复，花丝工艺首饰历史上一直是皇家御用之物，其工艺在我国历朝代的宫廷饰品和礼器中均有呈现，也是我国传统奢侈品的加工工艺之一。这种工艺把纯金或纯银等贵重金属加工成丝线，再经过搓曲、掐丝、填丝、堆垒等手段加工成金银首饰，它是金银加工工艺中最有技术含量的工艺之一。花丝首饰的取材十分广泛，从花鸟、草虫到各种动物、水族，无所不有。品类包括发饰、耳饰、手饰、带饰、佩饰等品类。

从原材料来讲，花丝工艺使用的原料多为纯金和纯银，纯度高的材料质地较软，延展性好，耐高温，易于加工。花丝工艺中用于焊接的焊药通常为粉质的焊药，俗称"焊粉"，这种焊粉的颜色微微发红，其成分为金、银、铜，以及少量的砷。粉末状焊药能在温度较低的情况下熔化，从而使金银丝之间能够均匀无痕的焊接起来。

花丝首饰制作所使用的丝有银丝、金丝之分，其准备工作从将条状、块状或粒状的金银，经化料后，拉制成细丝，这个步骤也叫拔丝。专用的拉丝工具为拔丝板，拔丝板上由粗到细排列着40～50个不同直径的眼孔，最小的细过发丝。在将粗丝拉细的过程中，金属丝必须从大到小依次通过每个眼孔，不能跳过。有时，为了获得所需直径的细丝，必须经过数十次拔丝的过程才可成功。

从拔丝板中拔出来的单根丝还仅仅是"素丝"。素丝表面比较光滑，必须经过一定的加工，搓制成各种带花纹的丝才可以使用，"花丝"

▲ 花丝首饰作品

之名由此而来。最常见、最简单也最基本的花丝是由2~3根素丝搓制而成的，更复杂的花丝样式还有所谓竹节丝、螺丝、码丝、麦穗丝、凤眼丝、麻花丝、小辫丝等，分别应用于各类花丝产品的创作中。

花丝首饰的制作工艺方法通常可以概括为"堆、垒、编、织、掐、填、攒、焊"八个字，其中掐、攒、焊为基本技法。

堆

经白芨和碳粉堆起的胎体，用火烧成灰烬，而留下镂空的花丝空胎的过程。具体工序包括五个步骤：把碳粉和白芨加水调成泥状，制作胎体；将各种花丝或素丝掐成所需纹样；把掐好的花丝纹样用白芨胶粘在胎体上；根据所粘花纹的疏密，撒上焊粉，加热焊接；对没有焊接成功的部位，用锡焊的方法焊接。

垒

两层以上的花丝纹样的组合称为垒。

编

用一股或多股不同型号的花丝或素丝按经纬线编成花纹。

织

单股花丝按经纬线的穿插而形成纹样，通过单丝穿插制成很细的、如同面纱之类的纹样。

掐

用镊子把花丝或素丝掐成各种花纹，包括䁖丝、断丝、掐丝和剪坯四道工序。

填

把轧扁的单股花丝或素丝充填在掐好的纹样轮廓中。

攒

把独立的纹样组装成比较复杂的纹样，再把这些复杂的纹样组装到胎体上。

焊

把掐好的花丝或素丝焊接在一起，或者把它们焊接在胎体上。焊接是花丝工艺最基本的技法。

▲ 花丝工艺作品

▲ 花丝首饰制作过程

▲ 花丝工艺制作过程

花丝吊坠

▲ 银花丝樱花吊坠（朱鹏飞演示）

1 把直径为0.26mm的银圆丝紧密缠绕后，退火备用。

2 从退完火的银圆丝圈里选取两段银圆丝，把两段银圆丝的前端用吊机手柄的索嘴夹紧。

3 两段银圆丝的尾端都固定在中型窝錾上。注意随着吊机旋转，两股圆丝被拧结，银丝的长度快速变短，需要手持窝錾快速跟进。

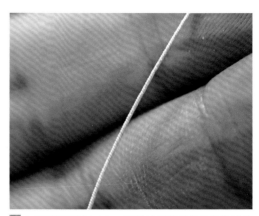

4 如图可见双股0.26mm圆丝被吊机拧结后的效果为麻花状。

5 双股圆丝经轧片机碾轧，轧制宽度为0.8mm的扁平状麻花丝。

6 把完成碾轧的麻花丝缠绕在一起，注意缠绕时需把麻花丝扁平的一面朝外，以免麻花丝发生变形。

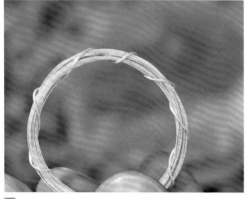

7 麻花丝缠绕之后退火。注意退火时要用软火，因为银丝很细，容易烧断。

8 把直径为0.6mm的银圆丝用轧片机碾轧至0.8mm宽，成为扁平素丝。然后用这素丝来制作樱花花瓣的外轮廓。

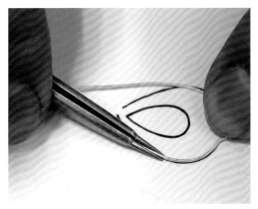

9 注意在花瓣弯折的地方需要弯曲得十分顺滑。

10 再制作樱花花瓣的内轮廓，然后把内外轮廓焊接在一起。

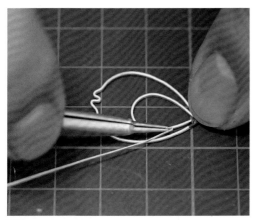

11 用麻花丝制作花瓣内的装饰。先将麻花丝的前端弯折成1mm的长度，塞入花瓣框架的尖端处。

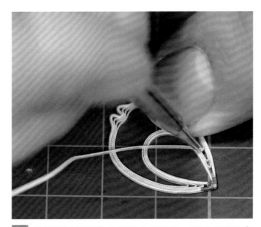

12 手指需时刻压住已经填入的部分，随后用花丝专用镊子夹着麻花丝，以顺时针方向紧贴框架一圈一圈地填入，同时整体将花瓣边框逆时针旋转，方便麻花丝的填入。

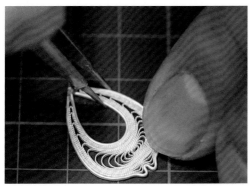

13 注意麻花丝需平整，紧贴框架，拿起花瓣时，麻花丝不会掉落。同时根据框架形状，控制每一圈的转折处的间距，切勿间距过大。

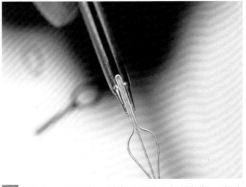

14 用0.8mm宽的素丝制作叶形吊坠扣的框架，方法同前。

15 用麻花丝制作吊坠扣里面的装饰，方法同前。

16 花瓣整体浸入硼砂溶剂后取出，均匀撒上适量的花丝焊接专用红焊粉。

17 把饰件平放在耐火砖上，用软火加热，使饰件受热均匀，直至温度达到焊药的熔点，完成焊接。

18 再次用0.8mm宽的素丝制作花瓣之间的连接框架，然后焊接在一起。

19 如图为卷圆绕丝的自制工具，把缝线针的尾端剪掉即可，留下U形分岔。

20 用工具的U形分岔扎住麻花丝的前端，绕一个大圈后，用手指压平的同时转动工具绕圈。

首饰制作高级篇 175

21 绕好圈后，把大小合适的圆圈放入框架内，重复上述操作，完成花瓣的填丝，并焊接。

22 用硬火烧灼直径为0.7mm的圆丝前端，将前端烧成圆珠，然后剪成2cm长的银丝，共制作20根这样的银丝，这些银丝可作为花蕊。

23 截取一段空心银管，银管外径5mm、内径4mm、高3.5mm，将银花蕊塞入银管内，焊接尾部后锉修平整。

24 使用合适的窝錾和窝墩给花瓣塑形，需要将花瓣塑造成水滴突起的形状。

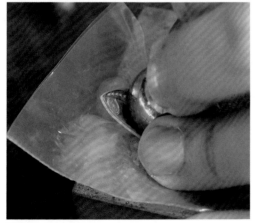

25 注意花瓣下面垫一块薄膜，防止敲击时窝墩的锐角部分损伤花瓣的形体。

26 使用窝錾和钳子将花瓣的尾端修成尖尖的圆形。

27 用记号笔在花瓣尾端标注圆柱的曲度，然后先锯后锉，使花瓣的尾端完全贴合花蕊底部的银管。

28 借用窝錾来弯折叶形吊坠扣。

29 蜂窝砖上把花蕊倒过来放置，再利用辅助工具将花瓣底部与花蕊银管底部齐平并贴合，把它们焊接在一起。

30 把其余的花瓣逐个与花蕊焊接，然后在花蕊银管底部焊接一小块直径与银管相同的银圆片，锉修平整。

31 在吊坠扣上焊接"n"形环，使叶形吊坠扣与花瓣吊坠相连，焊接扣口，完成吊坠扣的制作。

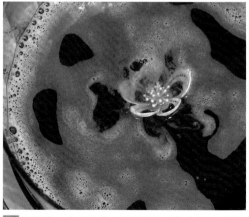

32 用明矾水煮净饰件，再用清水冲洗干净。用磁力抛光机抛光，完成花丝樱花银吊坠的制作。

铜鼓纹

▲ 铜鼓纹花丝饰件（李正云演示）

1 准备工具，包括平嘴钳、剪子、U形针棒、Y形针棒、镊子、搓板等。

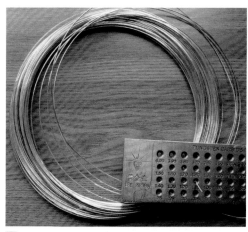

2 准备纯银丝，一般用于外轮廓的银丝直径为0.8～1mm，内部装饰银丝直径为0.4～0.6mm。

3 把银丝用轧片机轧扁，围成圆圈，用软火退火。

4 用竹筷子制作U形针棒。

5 用U形针棒左右弯折制作拱丝。

6 做好拱丝后退火。再用镊子把拱丝挤紧，整理成整齐的线形。

7 把缝线针的尾端剪掉，留下U形分岔，制作Y形针棒。

8 用Y形针棒制作S形涡纹部件。

9 完成拱丝和S形涡纹部件的制作。

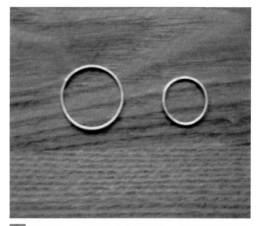

10 用直径0.8mm的银丝做外轮廓。戒指棒把银丝弯折成形，然后用高温焊药焊接。

11 组装的顺序为从外向里排列，放置在焊台上，涂好硼砂水。把焊粉均匀撒在组装好的物件上，用软火均匀加热，焊粉熔化后完成焊接。

12 根据需要组装成手链、耳坠等首饰。

9.4 乌银工艺

乌银（Niello）是一种有光泽的物质，属硫化物。乌银通常由金工匠制造，一般用作工艺品上的镶嵌装饰。从某种程度上来说，乌银类似于熔融玻璃。它不是金属，但它却与金属一样可以被融化、裁切和抛光。在世界工艺美术的发展史上，乌银作为一种独特的装饰材料发挥着不可替代的作用。乌银是一种先在坩埚中熔合紫铜、银和铅的合金，然后往这个合金里添加硫，最终形成的一种硫化物。这种硫化物易碎，颜色有蓝灰色、黑色等。乌银既没有延展性，也没有韧性，但在较低的温度下会变成具有流动性的液体，并能很好地附着在贵金属

的表面。乌银一旦附着在金属表面，就可以通过常规的金属加工工艺对其进行抛光，可以获得很好的光泽效果。

乌银工艺有可能起源于史前时期的炼金术。历史上，乌银工艺多见于欧洲、埃及和中东，最多见的是在远东地区，尤其是在泰国。它之所以成为一种流行的镶嵌材料，是因为它易于加工和取材，又能够增强明暗对比效果，从而提高纹样的装饰性。

用乌银装饰的物体通常尺寸都较小。文艺复兴时期，在它最受欢迎的时候，这项技术被广泛用于装饰礼拜用品、杯子、盒子、刀柄和皮带扣等实用物。文艺复兴时期的金属工匠们在用乌银填充雕刻图案之前，通常会对雕刻的金属板进行硫铸或将其印在纸上，以此来记录图案。

古罗马人已经能够熟练运用乌银加工工艺，大英博物馆中的埃瑟尔夫（King Aethelwulf）国王戒指（公元839～858年）表明，这项技术在英国很早就被引进了。乌银工艺在15世纪的意大利佛罗伦萨金匠马索·菲尼格拉（Maso Finiguerra）那里达到了顶峰。18世纪末，在图拉（Tula）工作的俄罗斯金匠们使这一工艺得以复兴。乌银的作品在俄罗斯被称为图拉作品。迄今，印度和巴尔干半岛仍在生产高品质的乌银工艺品。

文艺复兴时期的意大利，绘画装饰技术十分活跃。在这一时期，金匠们都掌握了在金属片上雕刻图案的技艺。15世纪之前，人们对金属雕版印刷技术的了解和实践还是远远不够的。尽管化学腐蚀和机械雕刻已被广泛应用于金属片上的雕刻工作，但金属雕版印刷的可能性尚未被开发出来。那时，雕刻师们喜欢在雕板的

▲ 俄罗斯哥萨克腰带扣，19世纪，材质：银、乌银

▲ 宗教圣器中黑色部分为乌银

槽线中涂抹深色的糊状物，方便检查自己的雕刻工件是否完整与合格，这种做法稀松平常。很长一段时间，人们对擦去金属表面的墨汁后，深色线条随即凸显这一现象熟视无睹、习以为常。人们常常把一张湿纸平铺在刻有花纹的金属片上，并对它施加压力，金属片上的花纹就会转印到纸上，只不过转印之后的纹样是反转的。

雕金工艺作为一种图像制作工艺，最终开创了蚀刻和凹版印刷的先河。自16世纪以来，蚀刻和凹版印刷这两种工艺技术都得到了大力的发展，而乌银工艺在其中起到重要的推进作用。那时，工艺师们很快就了解到印刷工艺的潜在市场价值。"我们有了复制技术，为什么还要满足于制作单件物品呢？"这种想法直接导致了雕版的两种发展方向：作为纯粹工艺品的雕版，以及用于印刷的雕版。大约有100年的时间，金匠、雕版师和印刷匠，这三种职业都是集于一身的。当时流行的雕刻图像包括特殊日期、数字、标语、座右铭或格言等，这些文字在印刷品上读起来是正确的，但在雕版上却是反的。那时，人们已经意识到，雕版需要做好防水，才能不被腐蚀而能够长期用于印刷。于是，有些雕版师为了保护独一无二的金属雕版，会在雕版的线槽内填充乌银，以便永久固定雕刻纹样。这些雕版师后来被称为"乌银师"，他们的作品也被称为"乌银艺术"。到了18世纪，这些乌银工艺作品已经极少见到了。由此，乌银工艺品受到鉴赏家和收藏家的热捧，乌银工艺赝品也随之出现。

加热系统

早在公元前500年，人们就已经可以制作一种加热系统。在这个系统中，有一个连接了一根陶土管的风箱，风箱的强力足以将空气直接吹进燃烧的燃料中。如果对这种古老的加热方法有兴趣，今天也可以来试一试：在坚硬的地上挖一个坑洞，坑洞的直径约40cm，深度也是40cm。从坑洞的侧面，钻一个5cm直径的进气孔，直达坑洞的底部。木材、木炭、木炭块、焦炭、煤炭都可以作为燃料。为防止进气孔坍塌，可用钢管来加固。将钢管连接到风箱，也可以连接手摇风机、真空吸尘器或吹风机等。

在现代教学环境中，一般可以用氧气火枪来制作乌银，氧气枪的温度能快速熔化铜料。也可以在使用一支液化气火枪的同时，辅助使用一支氧气枪，一起对金属进行加热，这样，金属熔化的速度会更快。

通风柜和排风系统

金属、助燃剂和硫产生的大量有毒烟雾都可以通过通风柜来排除。通风柜配备普通家用风扇

▲ 制作乌银工艺的传统加热系统

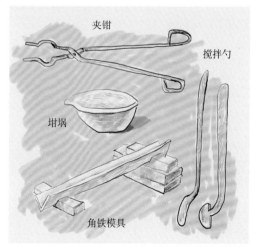

▲ 制作乌银工艺的工具与设备

即可。当然，如果配备实验室专用通风柜则更佳。

排风系统可以用纸板和廉价木材制成。制作乌银要求在窗边操作，以便烟雾能够顺利被排出。最好在远离人群的区域操作。先装好风扇，再安装风扇罩。风扇罩的尺寸由窗框的大小决定。请记住，风扇罩越小，排风的面积就越集中，从而提高排风效率。制作排风系统的材料多种多样，可以用瓦楞纸、木条、硬纸板等，用胶带粘连即可。操作前，可以将一团卷紧的报纸放入排风罩，点燃后吹灭，创造烟雾，然后打开排风扇，检验排风效果如何。

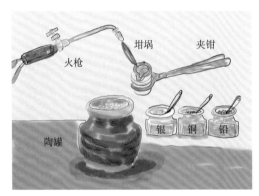

▲ 制作乌银原料的另一种方法

乌银制作来源	纯银	纯铜（紫铜）	铅	其他	硫黄
奥格斯伯格（Augsberg）	1	1	2		大量
切里尼（Cellini）	1	2	3		大量
波斯国	1	5	7	氯化铵 5	24.5
泰国	1	5	3		大量
俄罗斯（图拉地区）	1.5	2.5	3.5		12
提奥菲卢斯（Theophilus）	2	1	0.5		大量
博拉斯（Bolas）	2	4	1	锑 1	大量
威尔逊（Wilson）	6	2	1		10
菲克（Fike）	6	2	2	硼砂 1~2	大于或等于 10

▲ 乌银原料的不同配比图

工作台

工作台为一个铺设有耐火砖的桌子，台面的高度与标准的厨房柜台的高度相近，因为这个高度是最为舒适的工作高度。坩埚要放置在耐火砖上面。

坩埚

坩埚通常由硅质黏土制成，也有高温耐火陶瓷和石墨材料的坩埚。

夹钳

夹钳的抓握端应该要有舒适的抓握度，因为制作乌银需要有较高的精确度，所以夹钳必须像手指一样灵巧。

刮勺和搅拌棍

在制作乌银的过程中，需要对坩埚进行刮擦和搅拌，一般来讲，这些操作都可以通过一根普通的金属杆来完成，但最好还是要有专用的工具，如刮勺和搅拌棍。用两根长约5cm、直径5mm的金属杆就可做成。记住，在操作中，这些工具不可粘连乌银材料，否则它们就可能污染金银饰件。

模具

大部分工艺师喜欢把乌银材料制成像珐琅一样的粉末。制作乌银粉末需要把乌银倒进水里，或者倒在一个平片上，然后用研磨钵和研磨棒把它捣成粉末。另一些工艺师喜欢把熔化的乌银倒入角铁中，角铁摆放成一定的倾斜角。一般来讲，V形角铁的长度约为80cm，两端用两块刻有V形槽的木块固定住，左低右高，便于熔化后的乌银流动。

其他工具

一个天平。两个分别盛放硫黄和硼砂的瓶子，各配备一个长柄金属勺子。一盒沙子，用于支撑瓶子，使瓶子保持一定的倾斜角度，便于从中取物。一把镊子，用于从模具中取出乌银材料。

在具体操作之前，安排好所有工具，并在脑海中记住它们各自的摆放位置，实际操作前，可以演习一遍，以此来检验所有的工具设备是否都在正确的位置上，它们的布置是否合理等。各就其位了，操作才会顺利。例如，化料区应该靠近倒料区，这样原料一旦熔化，就能迅速地把熔化的原料转身倒进模具中。

金属配比

国际上，不同的国家和地区，不同的乌银师，都有专属于自己不同的乌银配比。整体来看，这些配比的基本构成元素还是相同的，但金属比例不尽相同，彼此出入甚大。从今天的乌银制作工艺现状来看，比较成熟、也是最常用的配比是威尔逊（H. Wilson）的配比。

威尔逊的《银器与珠宝》（*Silverwork and Jewelry*）一书中记录了乌银的配比。威尔逊显然尝试了许多变量，才最终选择60%纯银、20%紫铜和10%铅的配比。当然，还有另一种配比：60%纯银、20%紫铜、20%铅，最后，再加两大勺硫黄，将这些合金转化为硫化物，从而完成乌银原材料的制作。通常情况下，用纯银、无氧铜和纯铅来做乌银，但有时候，也可以用925银、废铜、从铅线上剥下来的铅丝，以及从花房弄来的硫黄制作乌银。事实上，没有必要绝对精确地控制各个金属成分的配比，其中的金属多了半克或少了半克并不重要，重要的是控制好温度，把合金溶液的温度控制得刚刚好，而不是过冷或过热。

新的坩埚在首次使用时，需把坩埚加热至透明的红色，然后往坩埚里撒硼砂，把硼砂熔化在坩埚的内壁上，使坩埚内壁均匀地覆盖一层透明的玻璃状硼砂。然后，把紫铜放入坩埚，加热至熔化，再加入银，继续加热，熔化后搅拌，以确保两种金属完全熔合。要注意火候，不要加热过度或长时间持续加热。再往合金溶液中加入铅，不时用夹钳夹起坩埚，晃动它，以加快合金的混合。这个阶段需要控制加热，动作迅速，不能犹豫。把坩埚稳稳放置在耐火砖上，打开排气系统，迅速往合金溶液里倒入一大勺硫黄，硫黄立即燃烧，产生大量烟雾，这些烟雾被排风扇吸走。往溶液中倒入硫黄时，如果不够迅速，盛有硫黄的勺子也有可能着火，而如果下意识地把勺子塞回瓶子中，这会更糟糕，瓶子里面的硫黄也会燃烧起来。用搅拌棍迅速搅拌燃烧的合金溶液，以此把燃烧的硫黄"搅拌"进溶液中。搅拌的动作不可过猛，否则燃烧的硫黄可能溅出，导致意外发生。此时，乌银合金的温度约为650℃。短时间内，会看到乌银呈现为一块红色的物体，在燃烧着的硫黄中游动。再加入少量的硫，继续混合。此时，溶液很快就会呈现饱和状态，如果在这个时候再添加其他东西，就都会被燃烧掉，所以持续对溶液进行加热是没有任何用处的。

用钳子夹起坩埚，任由硫黄残渣在坩埚里劈劈啪啪地爆裂，使乌银保持熔融状态，并烧掉多余的硫黄。

继续夹紧坩埚，持续做圆圈形晃动，使乌银溶液在坩埚里围绕坩埚内壁保持旋转，这样

▲ 乌银戒指，作者：胡俊

硫黄残渣就能够自行分离出来，并聚集在坩埚的中心，形成颗粒状释出。如果这时候继续加热溶液，就会使这些颗粒释出重新熔化到液体中，这是不对的。因为这块释出物可以不断吸收一些不可熔解的成分，使乌银溶液变得纯净。通常，释出物的体量大约会占到溶液总量的四分之一或三分之一。

焰炬应来回移动，以维持坩埚的温度。这个动作使焰炬迅速地在坩埚和乌银溶液之间来回晃动，这样做的目的是既能让乌银溶液保持熔融状态，同时又能避免使乌银溶液受热过度。如果溶液温度过高，释出物就会重新熔化到溶液中，如果温度不够，乌银溶液就不会保持熔融状态，从而无法从坩埚中倒出来。

用夹钳夹紧坩埚，将坩埚对准角铁，保持加热，使乌银保持为液体状态，倾斜坩埚，把乌银合金倒进角铁中。动作不能太慢，但也不能太快。

一般而言，每一次操作可以得到一根长25～50cm的乌银条。最后，可以把所有乌银放入一个新的、干净的大坩埚里，再次熔化，这一次，不要添加任何金属、熔剂或硫黄。如果还有少量残留物出现，注意不要因为加热过度而使残渣重新熔化到溶液里。把溶液重新倒回到角铁中。可以说，经过回炉，乌银的纯度更高了。

还有一种方法也可以制作高纯度的乌银。按照60%纯银、20%紫铜、20%铅的比例，分别

▲ 埃及纹样装饰盒，20世纪初，材质：青铜镀金、乌银，尺寸：3cm×9cm×9cm

备好这些原料，另外，再准备2kg的硫黄粉和一个陶罐。把2kg硫黄粉都倒进陶罐中备用。制作步骤如下：首先，在坩埚中熔化银料，待银料完全熔化后放入紫铜，适当加入硼砂，可以使溶液变得干净。稍后，迅速在溶液中放入铅，铅是极易挥发的材料，所以一旦溶液中放入铅以后，必须非常迅速地把溶液泼进一旁装满了硫黄粉的陶罐中。硫黄受热产生大量烟雾，可以用排风系统吸走这些烟雾。等烟雾散尽，大约10分钟之后，就可以砸烂陶罐，找到凝结成块的乌银原料了。把这些乌银原料捣碎，再放进坩埚熔化，这一次不能添加任何材料，把溶液倒进模具，此时，乌银的纯度就比较高了。

乌银的使用

乌银可以直接应用在金或银的表面，充当一个黑色区域或背景。乌银的厚度超过0.05mm时，呈现不透明的状态，厚度为0.012mm时，则会变得半透明，呈褐色。一般而言，乌银常作为填充线条、图案的材料和工艺手段，这些线条或纹样可以通过雕刻、凿刻、冲压、蚀刻、錾刻、电铸、滚印和铸造而得到。使用乌银之前，要确保所有的焊接工作都已经完成。乌银具有耐酸性，所以，乌银工件可以通过磨洗、酸洗、喷砂或电清洗，来达到精修与清洁的目的。

使用乌银时，首先在金属（通常是银）的表面涂抹硼砂剂，然后把乌银粉撒在需要填充的部位，加热金属，乌银被熔化并流入到纹样凹槽中。冷却后，去除多余的乌银，使纹样清晰可见，最后对乌银表面进行抛光。黑色乌银与亮色金属表面的色彩对比，产生美丽的装饰效果。

乌银粉使用法

用研磨钵和研磨棒将乌银合金捣成块状或颗粒状，颗粒的大小由工匠自己决定。将乌银

粉与硼砂焊剂混合在一起，调成浓稠的糊状，用小刀或小刷子把它涂抹在工件上。之后，如果工件是平面的或接近平面的，就可以直接放入电窑中焙烧。在液体状态下，乌银的流动速度还是比较快的。

乌银条使用法

用手捏住一根乌银条，或者用镊子夹住都可以，给涂抹了硼砂剂的工件加热，直到硼砂融化成一层玻璃质的保护层，此时温度可达600℃。这是远远超过乌银的熔点的温度。撤离焰炬，但依然使工件保持足够的热度，用乌银条去触碰工件，乌银就会穿透硼砂而附着在金属的表面。可以有意让多一点乌银附着在金属表面，这有利于后续的加工和修整。

在白银和黄金的表面涂制乌银时，要尽量避免加热过度或长时间加热，否则硫化物会挥发，银元素会与乌银重新结晶。也许对某些人来说，这是一件很棒的事情，因为这会形成像雪花一样美丽的银晶体，但大多数情况下，这些晶体都是不希望出现的或者不是预设之中的。这些晶体会形成凸起，从而破坏作品原有的设计。除非对这种意外效果进行深入研究，使它变得可控，这些意外的获得才会对作品产生意义。另外，过度或长时间加热也会导致工件表面发白，而留下一层淡淡的银灰色薄膜，而这些区域正是人们期望使用乌银来获得深色效果的地方。

当乌银穿透硼砂层而渗入到金属表层时，通常会有一些硼砂浮在乌银的表面，像一粒粒微型的玻璃小珠。我们可以用钢勺把这些硼砂颗粒弄掉，如果弄不掉也没关系，等工件冷却之后，再把这些硼砂晶体弄掉也可以。但这些硼砂会在乌银的表面留下一个个小凹坑。那么，需要用点焊的方法把乌银精准地填进这些小坑

▲ 20世纪早期泰国乌银手镯

中，使乌银表面达到完全平整。当然，通过酸洗也可以去除这些硼砂颗粒。

乌银工件的完成

多余的乌银可以用锉子、砂纸或吊机针头轻易地去除。当然，在曲度不大的平面，用三角刮刀轻轻地刮除多余的乌银也是可以的，可控性更强。记住，被刮除掉的乌银碎粒是可以再次使用的。当多余的乌银被一点一点去除，底下的图案开始慢慢显现时，要立刻转移到另一个尚未显现图案的区域进行研磨，否则这个区域有被磨透的风险，所以最好不要在一个区域长时间地研磨。如果工件是一件非常精细的乌银作品，则不要选择刮刀，而是选择砂纸来研磨，一边研磨，一边用水冲洗。砂纸的目数最好不要低于320目，一般用400目和600目的砂纸来研磨，就可以快速获得柔软、哑光、灰色和丝滑的乌银表面效果。

抛光时，飞碟抛光机可以大幅提高抛光效率，不过，它不但对操作的熟练度要求甚高，还会产生很多其他的问题。飞碟抛光机会很快磨掉乌银，比磨掉银或金的速度快多了。可以使用石英粉来抛光乌银，能达到极好的亮度。建议不要使用抛光蜡给乌银抛光。总之，不断尝试自己的精修材料和工具，看看哪一种材料和工具可以带来最好的研磨效果。

乌银工艺制作

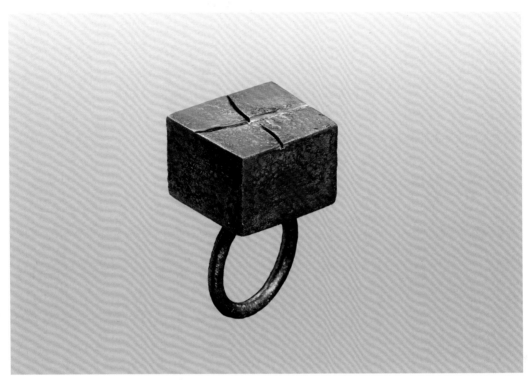

▲ 乌银戒指制作【吉吉·玛丽安（Gigi Mariani）演示】

1 在坩埚中准备要熔化的金属，有40g纯银，20g紫铜，10g铅（乌银合金配比为4份纯银、2份紫铜和1份铅），再准备一个装满硫黄的陶罐。

2 给金属加热，将熔化的合金倒入陶罐中，陶罐用一块旧抹布包裹。操作时，注意佩戴口罩。

首饰制作高级篇　187

3 将熔化的金属倒入锅中，用塞子盖住陶罐并摇动它，然后，让它冷却至少一个小时。给房间通风，以便让刺鼻的硫黄气味散去。操作时，务必使用口罩。

4 用锤子砸碎陶罐，从里面拣出乌银的碎粒。

5 把乌银碎粒放进坩埚。

6 重新熔化乌银碎粒，把它倒进油槽中，形成乌银棒材。操作时，一定要佩戴口罩，使用排风扇。

7 获得一根乌银棒材。可以准备将乌银放到戒指表面。

8 在戒指表面放置乌银颗粒，加热戒指，待乌银颗粒熔化，迅速用钢针涂抹乌银，使乌银材料被涂抹到需要的地方。

9 涂抹乌银材料需要耐心，切记乌银材料在360℃左右就会熔化。所以，不可把戒指过度加热。

10 倘若加热过高，乌银会被"吸"进银子当中，此外，戒指上原有的焊点也会被重新熔化而发生断裂。

11 乌银涂抹完毕，此时，乌银会呈现不透明的黑色颗粒状，在戒指上的分布并不是十分均匀。

12 用锉子修整乌银，使乌银的表面平整顺滑。完成乌银戒指的制作。

9.5 大马士革钢工艺

大马士革钢（Damascus Steel）名称的由来，在于这种金属被贩卖至大马士革城（今叙利亚境内），被大马士革的铁匠加工成刀剑武器，这种武器以优美、细腻的花纹而名扬天下，故此，这种钢得名大马士革钢，这种钢铁刀剑加工工艺，也被称为大马士革钢工艺。

大马士革钢的加工工艺历史悠久，但曾几何时，这种神秘的工艺竟然一度失传，而失传的原因也一直未解。众所周知，碳含量是炼钢过程的关键，高碳含量能产生极高硬度。但是碳在整个加工的过程中几乎是不可控的。含碳量太低的产物就是熟铁，熟铁太软了无法用于兵器制造，含碳量太高的产物就是铸铁，铸铁太脆弱，同样不能用于制作刀剑。那么，大马士革钢工艺失传的原因是否与原料中的碳含量有关呢？根据德国德累斯顿大学一个研究小组的研究表明，掺杂在精炼铁制品中的微量杂质，对形成大马士革钢是至关重要的。那么，这些微量元素到底是什么？又是如何进入钢材的呢？研究发现，大马士革钢的原料本身就含有这些微量元素，而这些原料的产地是印度。研究人员推测，可能是这种印度的矿脉一度被采尽，工匠们没有合适的材料可用，于是这种工艺也就自然而然地失传了。

到了18世纪，欧洲的刀剑制作技术开始流行一种名为"纹理（Pattern）大马士革钢"工艺。这种工艺就是把不同的钢材通过叠加、凸模、切割等技术使钢材花纹得到加强，变得更为明显，从而增强钢材的装饰效果。时至20世纪早期，一种新兴的大马士革钢开始出现，也就是粉末冶金模式大马士革钢。那时，人们希望找到生产新一代高质量工具钢的方法，这种

工具钢还要具有大马士革钢的花纹。但铬不锈钢大马士革钢无法通过锻打生产，原因在于锻打类大马士革钢要求分层熔接。铬不锈钢加热时生成的铬氧化物，其熔点高于原料本身，而锻打熔接去除各层间氧化层的原理是锻件加热到氧化层熔点之上、低于锻件熔点时，通过锻打将熔化的氧化物打出各层间隙来实现的。如果氧化层熔点高于锻件本身的熔点，则氧化物阻碍熔接的实现。因此，生产锻打类高铬不锈钢大马士革钢遇到了瓶颈。20世纪70年代，粉末冶金技术开始出现。80年代末期，美国和瑞典的研究人员成功实现两种高铬粉末金属的分层累加，以及高温高压的固结，从而绕过锻打这一步骤，直接生产出分层不锈钢。那么，对于金属匠来说，剩下的工作就是如何制造丰富多样的花纹了。这种分层不锈钢比传统冶炼的同类钢材有更高的强度和硬度，工匠们只要选择两种或以上具有相近热工效应、但有不同酸化反应的钢材来制作大马士革钢纹样就行。相同的热工效应可以保证热处理或锻打出纹样大

▲ 大马士革钢纹理展示

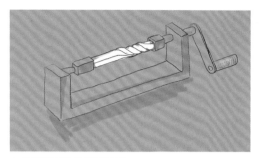

▲ 自制钢条拧结器示意图

马士革钢，酸化反应的差异可以获得对比强烈的花纹。也就是说，从原理上来讲，这种技术几乎可以将任何两种热工效应相类似的金属制成"大马士革金属"。

总体来讲，分层熔接的大马士革钢由不同质量的钢和软铁组成，经熔接与锻打之后，可使工件坚硬，同时又有柔韧性。纹样的显现除用酸蚀外，亦可通过锻打、冲轧、锉磨的方法来获得。经酸蚀后，钢中最硬的元素由于耐腐蚀而显示出白色或银色，而较软的元素通常变为黑色或棕色。大马士革钢以纹理图案的精致及复杂程度而显出加工技术的高低。大马士革钢的纹理通常有：水纹、木纹、几何纹、阶梯纹、羽毛纹、花纹、十字纹、波状纹、树状纹、球状纹、晶体纹或晶粒纹等，可谓多姿多彩，变幻莫测。

现今，比较流行的大马士革钢的制作工艺为分层熔接法，也就是把不同的钢材反复堆叠和锻造，制成大马士革钢，然后，以它为原料加工成各种工艺品。一般而言，两种钢材就可以了，但也有使用三种钢材的，甚至，还有使用钢缆、摩托车链条、钢网等材料来制作大马士革钢。现代工匠们的创意思维真是层出不穷。

通常情况下，大马士革钢的制作分为以下八个步骤。第一步：备料。准备几种不同的钢片数块，每一块都经过仔细打磨，并放进丙酮溶液中浸泡。钢片之间的熔接能否成功，关键因素在于钢片是否被彻底清理干净。所以，第一个步骤的清理工作是很重要的。第二步：叠料。把不同的钢片交错层叠，然后用铁丝紧紧捆绑，或者也可以用氩弧焊把钢片的外侧焊接在一起。为了确保钢料与空气完全隔绝，以免炉火消耗钢材中的含碳量，钢料置入炉火前，也有用沾满泥汁和稻草灰烬的纸将钢料紧紧包起来的做法。第三步：熔接。把料放进火炉中加热，温度达到熔点附近，钢片熔接在一起。第四步：锻打。取出钢料锻打，再撒硼砂，回炉加热，继续锻打，使钢料充分熔接在一起。第五步：塑形。通过不同的塑形手段，控制花纹的形成。第六步：研磨。运用砂轮机、角磨机、锉子、砂纸等工具设备，对钢料进行研磨。第七步：淬火。把烧红的大马士革钢放进凉水中或者油中急冷，达到淬火的目的。第八步：化学着色。把最后的钢料放入三氯化铁溶液中，使花纹完全显露。完成大马士革钢的制作。

下面介绍七个大马士革钢的操作范例，展示几种不同花纹的制作技法。

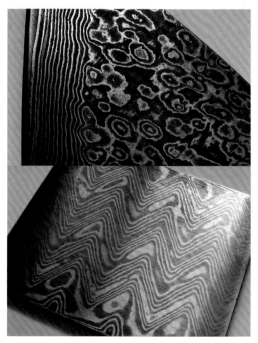

▲ 大马士革钢纹理展示

大马士革钢制作范例1

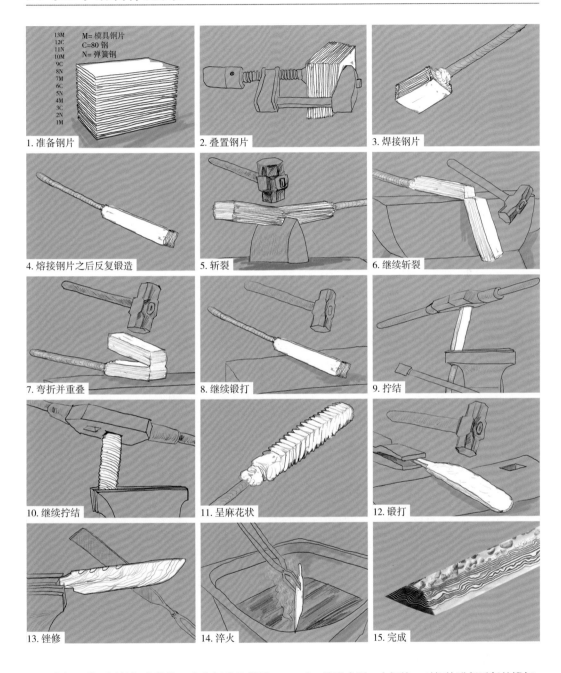

13M 12C 11N 10M 9C 8N 7M 6C 5N 4M 3C 2N 1M　　M= 模具钢片 C= 80 钢 N= 弹簧钢		
1. 准备钢片	2. 叠置钢片	3. 焊接钢片
4. 熔接钢片之后反复锻造	5. 斩裂	6. 继续斩裂
7. 弯折并重叠	8. 继续锻打	9. 拧结
10. 继续拧结	11. 呈麻花状	12. 锻打
13. 锉修	14. 淬火	15. 完成

　　准备三种不同的钢片数块，这些钢片为模具钢（90MnCrV8）、80钢（XC80）和弹簧钢（75Ni18），交错叠层，一共13层。用氩弧焊把钢片的外侧焊接在一起，并焊接一根操作棒。进炉加热至通红，达到1350℃，此时钢片就会熔接在一起。钢片熔接之后，就形成了一个钢块。对钢块进行反复的锻打、撒硼砂、回炉加热、再锻打、弯折、拧结、再回炉，重复多次，直到获得需要的钢块形状。对钢件进行削切、打磨，花纹逐渐显现。经过三氯化铁化学腐蚀，花纹完全显露，完成大马士革钢的制作。

大马士革钢制作范例2

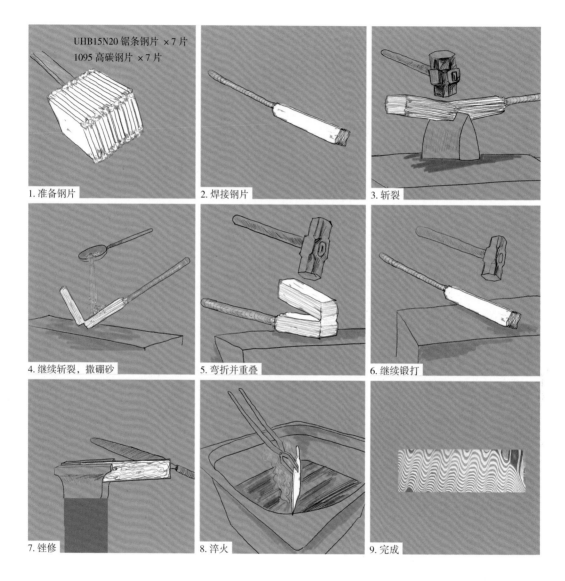

UHB15N20 锯条钢片 ×7 片
1095 高碳钢片 ×7 片

1. 准备钢片

2. 焊接钢片

3. 斩裂

4. 继续斩裂，撒硼砂

5. 弯折并重叠

6. 继续锻打

7. 锉修

8. 淬火

9. 完成

准备两种不同的钢片，这些钢片为7片 UHB15N20锯条钢片和7片1095高碳钢片，交错叠层，一共14层。用氩弧焊把钢片的外侧焊接在一起，并焊接一根操作棒。进炉加热至通红，达到1350℃，钢片熔接之后，形成了一个钢块。对钢块进行反复的锻打、撒硼砂、回炉加热、再锻打、重复多次，直到获得需要的钢块形状。对钢件进行削切、打磨，花纹逐渐显现。经过三氯化铁化学腐蚀，花纹完全显露，完成大马士革钢的制作。

大马士革钢制作范例3

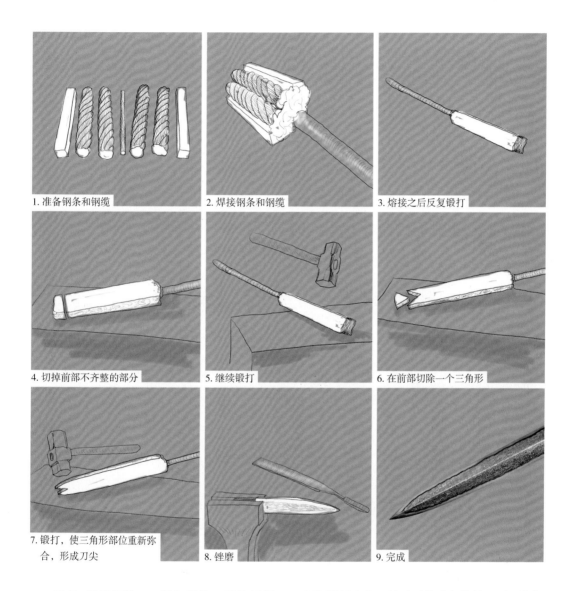

1. 准备钢条和钢缆

2. 焊接钢条和钢缆

3. 熔接之后反复锻打

4. 切掉前部不齐整的部分

5. 继续锻打

6. 在前部切除一个三角形

7. 锻打，使三角形部位重新弥合，形成刀尖

8. 锉磨

9. 完成

　　准备4根粗钢缆、一根细钢缆，以及两根方形钢棍组合在一起。用氩弧焊把外侧焊接，并焊接一根操作棒。进炉加热至通红，达到1350℃，此时，钢件就会熔接在一起。对钢件进行反复的锻打、撒硼砂、回炉加热、再锻打，重复多次，直到获得需要的钢块形状。用夹具把钢件固定住，然后对其进行拧结，再回炉加热、锻打，反复多次，直到获得所需的形状。对钢件进行削切、打磨，花纹逐渐显现。经过三氯化铁化学腐蚀，花纹完全显露，完成大马士革钢的制作。

大马士革钢制作范例4

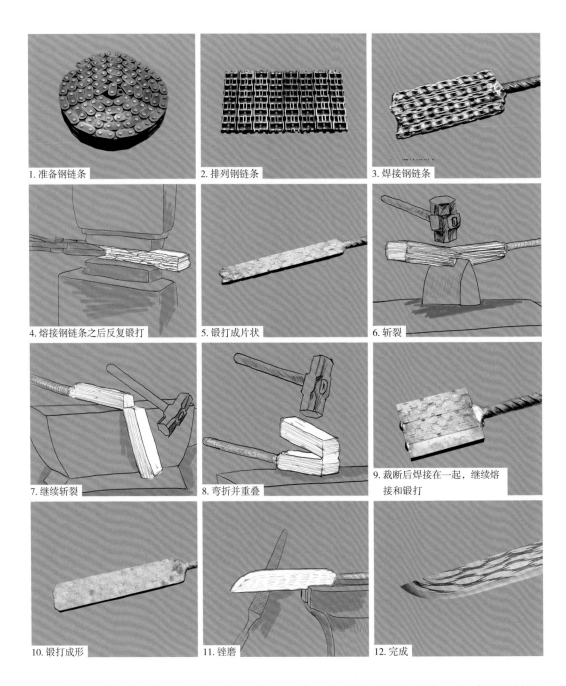

1. 准备钢链条

2. 排列钢链条

3. 焊接钢链条

4. 熔接钢链条之后反复锻打

5. 锻打成片状

6. 斩裂

7. 继续斩裂

8. 弯折并重叠

9. 裁断后焊接在一起，继续熔接和锻打

10. 锻打成形

11. 锉磨

12. 完成

准备一根摩托车链条，组合在一起，用氩弧焊把外侧焊接，并焊接一根操作棒。进炉加热至通红，钢件熔接在一起。对钢件进行反复的锻打、撒硼砂、回炉加热、再锻打，重复多次，直到获得所需的形状。对钢件进行削切、打磨，花纹逐渐显现。经过三氯化铁化学腐蚀，花纹完全显露，完成大马士革钢的制作。

大马士革钢制作范例5

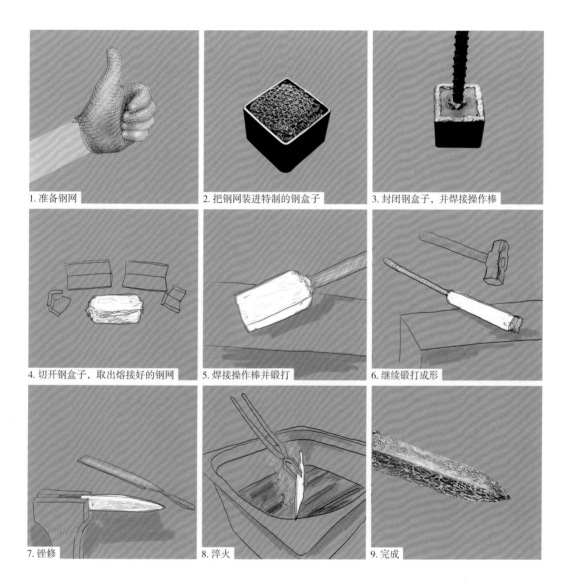

1. 准备钢网

2. 把钢网装进特制的钢盒子

3. 封闭钢盒子，并焊接操作棒

4. 切开钢盒子，取出熔接好的钢网

5. 焊接操作棒并锻打

6. 继续锻打成形

7. 锉修

8. 淬火

9. 完成

准备一块钢丝网，把它塞进钢盒子里，用氩弧焊把钢盒子焊好，并焊接一根操作棒，进炉加热至通红。对钢件进行反复的锻打、撒硼砂、回炉加热、再锻打，切开钢盒子，取出熔接好的钢丝网，此时，钢丝网已经成了一个钢块。用氩弧焊把钢块与操作棒焊接在一起，进炉加热至通红。锻打、撒硼砂、回炉加热、再锻打，重复多次，直到获得所需的形状。对钢件进行削切、打磨，花纹逐渐显现。经过三氯化铁化学腐蚀，花纹完全显露，完成大马士革钢的制作。

大马士革钢制作范例6

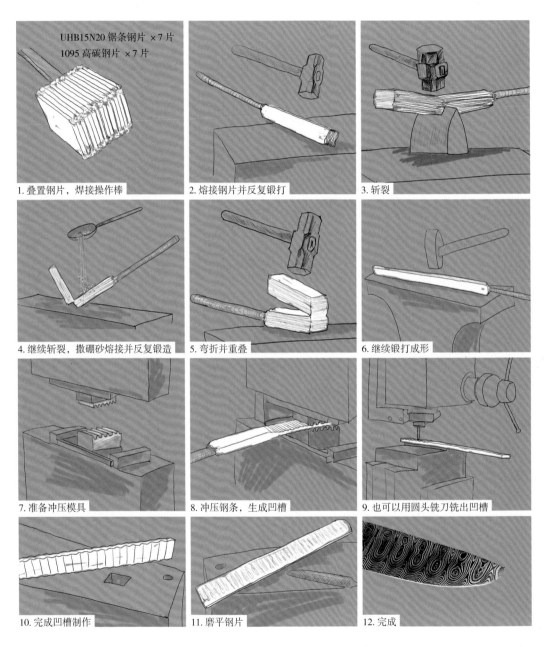

1. 叠置钢片，焊接操作棒

2. 熔接钢片并反复锻打

3. 斩裂

4. 继续斩裂，撒硼砂熔接并反复锻造

5. 弯折并重叠

6. 继续锻打成形

7. 准备冲压模具

8. 冲压钢条，生成凹槽

9. 也可以用圆头铣刀铣出凹槽

10. 完成凹槽制作

11. 磨平钢片

12. 完成

准备两种不同的钢片，这些钢片为7片UHB15N20锯条钢片和7片1095高碳钢片，交错叠层，一共14层。用氩弧焊把钢片的外侧焊接在一起，并焊接一根操作棒。进炉加热至通红，达到1350℃，钢片熔接之后，形成了一个钢块。对钢块进行反复的锻打、撒硼砂、回炉加热、再锻打、重复多次，直到获得需要的钢块形状。对钢件进行削切、打磨，之后，经过三氯化铁化学腐蚀，花纹完全显露，完成大马士革钢的制作。

大马士革钢制作范例7

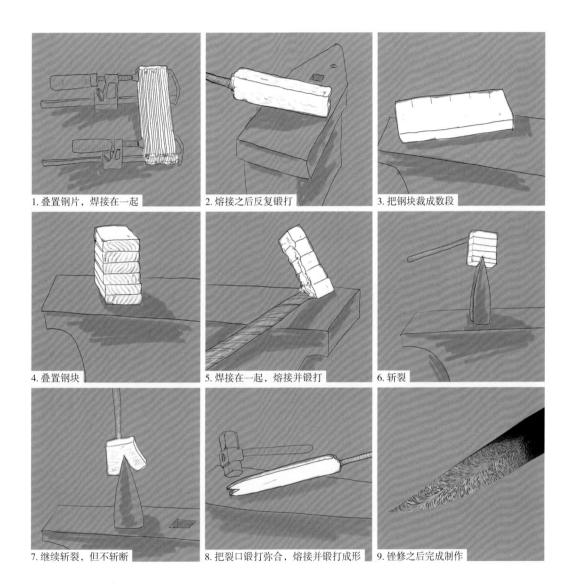

1. 叠置钢片，焊接在一起

2. 熔接之后反复锻打

3. 把钢块裁成数段

4. 叠置钢块

5. 焊接在一起，熔接并锻打

6. 斩裂

7. 继续斩裂，但不斩断

8. 把裂口锻打弥合，熔接并锻打成形

9. 锉修之后完成制作

　　准备两种不同的钢片，这些钢片为10片UHB15N20锯条钢片和10片1095高碳钢片，交错叠层，一共20层。用氩弧焊把钢片的外侧焊接在一起，并焊接一根操作棒。进炉加热至通红，达到1350℃，钢片熔接之后，形成了一个钢块。对钢块进行反复的锻打、撒硼砂、回炉加热、再锻打、重复多次，直到获得需要的钢块形状。对钢件进行切分，然后再锻打回原形，再熔接、再锻打、回炉加热、锻打，反复多次，直到获得所需的形状。对钢件进行削切、打磨，花纹逐渐显现。经过三氯化铁化学腐蚀，花纹完全显露，完成大马士革钢的制作。

大马士革钢锤子制作

▲ 大马士革钢锤子（苏八三演示）

1 准备一块长7cm、宽5cm、厚1.5cm的弹簧钢，一块长6.5cm、宽6cm、厚1cm的不锈铁，以及一块长28cm、宽3.5cm的方木。

2 用焦炭在炉子里给弹簧钢和不锈铁加热，金属呈现通红的颜色，夹出，用铁锤或空气锤反复锻打。

3　经过多次退火与锻打，弹簧钢和不锈铁都比原来薄了。此时，弹簧钢的长度为不锈铁的两倍，可以用弹簧钢把不锈铁折叠包裹起来。

4　折叠包裹之后的金属块经过回炉加热，温度抵达熔点（约1400℃）之时，保持约一分钟，使两种金属熔融在一起。然后迅速取出，撒硼砂，反复锻打。

5　金属块变硬之后，回炉加热至通红，再取出，撒硼砂锻打。硼砂能够使金属保持干净，防止金属氧化，以及促进两种金属的融合。

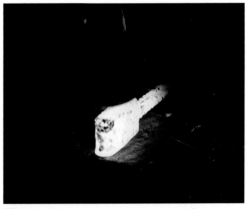

6　锻打成棒形之后，回炉加热至通红，其一端用台钳夹紧，另一端用老虎钳夹住，然后拧麻花，拧完之后再锻打。

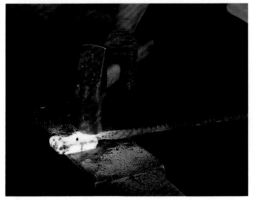

7　金属块变硬之后，回炉加热至通红，再取出，其一端用台钳夹紧，另一端用老虎钳夹住，然后拧麻花，拧完之后继续锻打，如此反复多次。

8　锻打至整齐的块状，从侧面可见层层叠叠的效果。此时可以停止锻打。

9 经过回炉退火，取出，用空气锤修整金属块的造型，使之变成锤子的形状。

10 左手夹住通红的锤头，右手夹住锤孔錾，利用空气锤的敲击，把錾子打进锤头侧面。左手翻转锤头，再借助空气锤的猛力击打，把錾子打进金属块的另一面，使锤头的孔洞被打通。

11 打通锤子的孔洞之后，把锤头放在铁砧上自然冷却，注意不可用凉水冲洗锤头。

12 锤头冷却之后，用砂轮机对锤头的形状进行修整和打磨，使锤头的形状更加精确和细致。

13 左手夹住退火之后的锤头，右手夹住标识錾子，利用空气锤的敲击，把錾子的图案打进锤头的表面，注意深度不要太深，完成标识的打印。

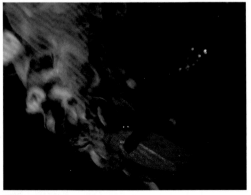

14 把锤头回炉加热至通红，然后迅速浸入凉水中进行淬火，注意分别对锤头两端进行淬火，中间部分不可淬火，也就是不能把整个锤头都浸入水中。这样可以保持锤头的韧性。

15 锤头彻底凉了之后，用抛光机对锤头进行抛光，使锤头的锤面十分平整光滑，这样的话，使用起来就不会在工件上留下硬伤。

16 把修好造型的锤柄插进锤头中，打进去一块销片，使锤柄与锤头紧紧固定。

17 最后检查整个锤子的表面，注意锤柄不要有毛刺，以防伤手。完成大马士革钢锤子的制作。

9.6　点翠工艺

点翠工艺是一种金银首饰制作技艺，起源于中国汉代，是金属工艺和羽毛工艺的完美结合。这种工艺先用贵金属做成不同图案的底胎，再把剪裁好的翠鸟背部亮丽的蓝色羽毛镶嵌在贵金属底胎上，制成各种首饰器物。在中国古代，帝王的服装与王后的凤冠都会有点翠工艺制作的装饰，经历漫长岁月仍然色泽如新。点翠工艺在中国流传久远，其工艺水平不断提高，在清朝乾隆时期达到顶峰。清晚期至民国后，由于抗战爆发以及原料的短缺，致使点翠工艺逐渐衰落，后经改良工艺以及替代材料的开发，使点翠工艺得以复兴。

可以说，点翠工艺盛行于明清两代，其造型和装饰技巧灵活多变，主要以花鸟鱼虫、人物风景、吉祥图案为主。首饰工匠通常会根据图案的要求选取不同色泽的翠鸟羽毛，再搭配珍珠、翡翠等宝玉石，使首饰显得雍容华贵，又有一种艳丽拙朴之美，体现了东方饰品注重细节、讲求工艺含蓄之美的特质。

翠，即翠羽，翠鸟之羽。翠鸟全身翠蓝色，腹面棕色，以鱼虾为食。在染料工艺被发明以前，翠鸟羽毛自然是不可多得的装饰材料，常被珠宝匠人用来与珍珠、宝石、黄金镶嵌在一起，制成首饰。用于点翠的翠鸟羽毛以翠蓝色和雪青色的为上品，依照部位和加工工艺的不同，翠鸟羽毛能呈现出蕉月色、湖色、深藏青色等不同的色泽，加之羽毛的自然纹理和幻彩光泽，使整件首饰作品的色彩富于变化、光泽感好、色样艳丽。然而，翠鸟体积越小，羽毛的总量也越少，制作一件首饰往往要消耗好几只翠鸟的羽毛，大量的捕猎导致翠鸟一度濒临灭绝。所以，点翠工艺也是一种极其残忍的工艺。现今，翠鸟已列入国家保护动物名录，点翠工艺所用的羽毛均以其他材料来代替。

点翠工艺分成软翠和硬翠，是根据点翠工艺所选择的翠鸟羽毛划分的。所谓硬翠，是指点翠工艺采用比较大的翠鸟羽毛来制作，翠鸟左右翅膀上各十根（行话称"大条"）、尾部羽毛八根（行话称"尾条"），所以一只翠鸟身上一般只可采用大约二十八根羽毛。所谓软翠，是指点翠工艺选用翠鸟比较细微的羽毛制作首饰。

▲ 清代一品夫人双喜点翠凤冠

点翠首饰制作

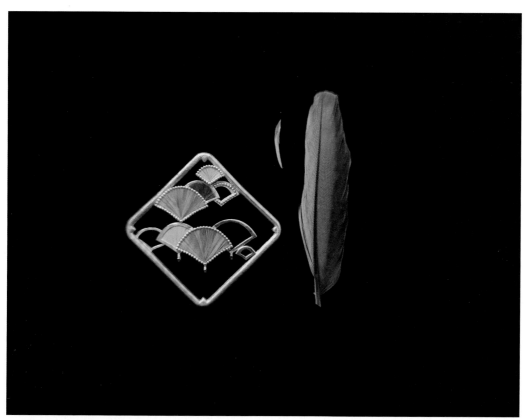

▲ 点翠首饰制作（刘阳子演示）

1 用带有清洗剂的水浸泡清洗羽毛，可用超声波清洗机。没有超声波清洗机的，可用手轻轻地顺毛，将羽毛上的寄生虫和浮土洗干净。

2 将洗净的羽毛放在纸巾上吸水并自然晾干。

3 理翠：用手指或毛笔将羽毛分开或开叉的地方理顺，使之合并起来连成整片。

4 定翠分为两种情况。其一为硬翠的定翠：在整理好、连成整片的翠羽背面涂胶。

5 然后固定在光滑平整的玻璃纸上，并把翠羽压平。

6 其二为软翠的定翠：首先将羽毛背面涂胶（牛骨胶或鱼鳔胶）。

7 然后在玻璃纸上铺平，敛成一簇一簇的形状。

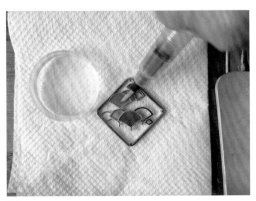

8 备胎上胶：用毛笔或者棉棒将没有稀释的胶刷在金属胎上。等胶完全干透后刷第二遍，将这个步骤重复三次。

9 硬翠的裁切点翠方式：用手术刀轻轻铲起在玻璃纸上压平、背胶已经干透的翠羽，铲的时候注意不要将羽丝弄伤。

10 按照金属胎体的形态和适当的肌理方向裁剪翠羽。在胎面上再刷一遍胶，并将裁切好的翠羽贴在胎体上。贴完一片再裁切下一片，直到贴满。

11 软翠的裁切点翠方式：根据需要的形状，用手术刀直接裁切在玻璃纸上压平、背胶已经干透的翠羽，注意不要将羽丝弄伤。

12 在胎面上再刷一遍胶，并将裁切好的翠羽贴在胎体上。贴完一片再裁切下一片，直到贴满。

仿点翠戒指制作

▲ 仿点翠戒指制作（刘阳子演示）

1 准备工具和材料：表面干净的金属胎体、羽毛、骨胶、细软不掉毛的毛笔、尖嘴镊子、雕刻刀（或手术刀）。

2 备胎上胶。将骨胶按1∶1的比例用水稀释，用毛笔将胶刷到金属胎上，等胶完全干透后，继续刷胶，一到两遍即可。

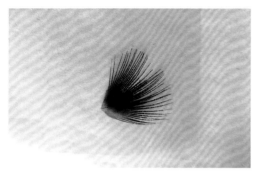

3 用剪刀将不可使用的绒毛部分剪掉。如果羽毛不够干净，就要用水泡湿，再轻轻地用笔刷清洗干净，晾干。如果是鹅毛或者鸽子毛，先用手指像理翠一样，将羽毛整理成整片。然后将胶和水按1∶3的比例调和的骨胶，涂抹在羽毛背面，粘在光滑平整的玻璃纸上，并把羽毛压平。

4 如果是孔雀毛或鹦鹉毛等纤维较粗、较松散的羽毛，则用1∶2稀释的骨胶水将羽毛背面涂胶后覆在玻璃纸上，再用没有胶的毛笔梳理聚拢在一起，待干透后使用骨胶将羽毛粘成整片。

5 整理裁切：用手术刀将玻璃纸上背胶干透的羽毛轻轻铲起，铲的时候注意不要将羽毛弄散。

6 将胶在金属胎面上用湿润的笔蘸水轻刷一遍，趁着胎胶湿润，把羽毛裁切粘贴上去。如果在粘贴过程中，没贴羽毛的部分胶干了，就在粘贴之前再刷一次胶。

7 羽毛应当依照金属胎体的形状剪裁，注意顺着羽毛的肌理来裁剪。也可以先用纸将胎面的形状描画出来，依据纸面上的形状来裁剪羽毛，之后再把剪裁好的羽毛贴到胎体上。

8 如果有图案设计上的需要，也可以在胎体上拼贴其他颜色或形状的羽毛。贴完一片再裁切下一片，直到完成拼贴。

9.7　电铸工艺

首饰制作中的电铸工艺是指利用金属离子阴极电沉积原理，在模件上沉积金属材料，再经过脱模，而留下电铸件的工艺过程。通常，导电模件作为阴极，需要电铸的金属作为阳极。电铸溶液是含有阳极金属离子的溶液，在电源的作用下，电铸溶液中的金属离子在阴极导电原模上还原成金属，沉积于导电模件的表面。当电铸层逐渐增厚，达到所需的厚度时停止电铸。电铸工艺的基本原理和电镀工艺相同。不同的是，电镀工艺要求得到与模件结合牢固的金属镀层，而电铸工艺则要求电铸层与模件分离，电铸层的厚度也远远大于电镀层。

在首饰制作过程中，常会为制作复杂的金属造型而苦恼，因为它会花掉大量的时间和精力，有时候，即便花费了相当多的时间和精力成本，也未必能获得自己满意的精巧的金属造型。那么，这个时候可以选择电铸工艺制作所需的金属造型。如今，市面上流行的3D硬金就是通过电铸工艺制作的。所以，电铸工艺的优势就在于能把造型复杂的非金属模件转化为金属模件，极大地解放了设计师和制作师的双手与想象力，拓展了首饰艺术表现的可能性。

电铸工艺所需的设备相对比较简单，市面上都能买得到。主要包括电铸槽、整流电源、电铸用阳极、搅拌装置、加热工具等。

电铸槽

首饰电铸工艺所用的电铸槽通常体积较小，电铸槽的材质以不被电铸液腐蚀为准。一般可用聚氯乙烯、聚合树脂、玻璃、陶瓷等材料的电铸槽。

整流电源

电源输出电压不小于电铸槽最高工作电压的1.1倍。可根据需要设定电源的最大电压值，一般电压值为6~36V，额定电流20A左右。

电铸用阳极

除一些特殊电铸液外，电铸阳极通常要求是可溶性阳极，其纯度一般采用99.9%纯度的阳极。

搅拌装置

为降低电铸液的浓差极化，增大电流密度，提高电铸质量和电铸效率，应不断搅拌溶液，搅拌方法可用机械搅拌法。

加热工具

由于电铸时间较长，电铸期间要保持电铸溶液的温度恒定，电铸溶液通常需要加热。加热的方法可用电热法，可使电铸液保持最佳温度状态。

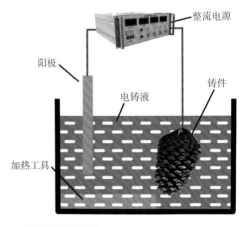

▲ 电铸工艺示意图

电铸工艺制作

▲ 电铸工艺制作（王浩睿演示）

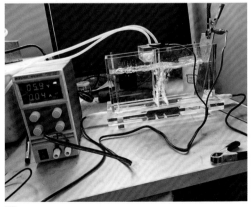

1 准备相关工具设备，包括一台50V的直流稳压器，电流为20A。再准备赫尔槽（如图），以及电铸用导电漆、电铸铜液、电解铜阳极片，以及相关工具和材料。

2 再准备好需要电铸的蜡件，把蜡件清洗干净，待蜡件表面没有水分后，准备上漆。

3 用毛笔细心地把电铸用导电漆涂抹到蜡件表面，注意要涂抹均匀。

4 也可以在导电漆里添加一些紫铜粉，搅拌均匀，然后涂抹到蜡件表面，这样可以加快电铸的速度。

5 待导电漆完全干燥之后，在工件根部插一根铜丝。

6 将电铸设备工具等连接妥当，把工件放入电铸液中，开始电铸。

7 随时观察电铸进度，一般来讲，电流调至0.2~0.6安培为宜。这样电铸的速度会比较慢，颗粒会比较细致。

8 大约数小时后，完成电铸，剪掉连接的铜丝，在工件的隐蔽处开一个小孔。对工件进行加热，蜡液融化流出，完成电铸。

》》》 9.8　玻璃首饰制作工艺

玻璃艺术的表现语言有很多，从加工工艺来讲，主要分为窑制工艺（Kiln-from）、吹制工艺（Blowing）、灯工工艺（Flamwork）、镶嵌工艺（Mosaic）和冷工玻璃工艺（Coldwork），每一种工艺都可以和首饰设计制作相结合，这里主要介绍灯工工艺与首饰制作的结合。

灯工工艺常用的玻璃材料有三种：第一种是铅料玻璃（Lead），这种材料和钠钙玻璃都俗称软料玻璃，多数用在吹制玻璃上。特点是对温度的敏感性为中度，对其快速加热或冷却时会开裂，但没有钠钙玻璃敏感，材料的延展性非常好，从火焰中取出来能够保持很大程度的流体状态，对塑形非常有利。此外，铅料玻璃的色料非常多，长时间在火焰上操作也不会变色。但是，这种材料喜过氧焰（氧气多煤气少），否则玻璃会变脏黑。第二种是钠钙玻璃（Soda-Lime），这种玻璃对温度非常敏感，快速加热或冷却时极容易开裂，延展性很好，但不如铅玻璃，工作时长中等，色料丰富，但有些颜色不宜加热时间过长，否则颜色会糊掉。还有些玻璃在加热时容易起泡或者沸腾，非常难看。第三种是硼硅酸盐玻璃（Borosilicate），也称硬料玻璃，对热不太敏感，加热或快速冷却时不容易破裂，但大件作品例外。材料的延展性不好，工作时长较短，从火焰上移开后快速变硬，色料不如其他两种材料，且色料在加热时会变色，硼硅酸盐玻璃的色料棒比铅料玻璃和钠钙玻璃贵很多。

相比起来，硬料玻璃有诸多不好的特点：熔点高、延展性差以及国产料颜色极少。国内厂家能生产的色料大概只有二十种，颜色单调且极不稳定。国外的色料相对多一些，如

NorthStar有128种左右、Alchemy有137种左右。相比较软料动辄几百种色料，确实是非常少了。但是它有一个极大的优势，由于硬料的软化点和熔点都比较高，对火的敏感度较弱，所以拿到玻璃棒后，无须小心翼翼，直接怼在火里烧也不易炸裂，这一点是软料玻璃无法比拟的，绝对是灯工玻璃初学者的福音。因此建议初学者先从硬料入手。

因此，常见的玻璃首饰基本以颜色丰富的软料居多。硬料玻璃则多以透明料和简单形的方式呈现。

▲ 玻璃项饰，作者：杨美华

玻璃珠手链制作

▲ 玻璃珠手链制作（杨美华演示）

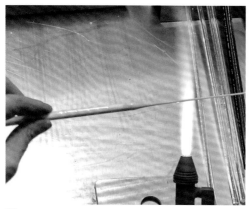

1 准备制作几个大口三层圆点珠。首先在火焰上拉出几根透明、不透明白、透明绿、草绿色细棒料以备用。

2 将前一晚蘸好隔离剂并已风干的直径为5mm的钢针放到火焰上部加热，能看到有空气从隔离剂中冲出，直到隔离剂变成红色停止加热。

3 将钢针放在火焰下，透明绿放在火焰尾部，先预热，待顶端稍稍变色，即可移到火焰二分之一处，将料烧熔，注意不要沸腾以免料变脏。

4 右手执料棒保持在火焰中，左手转动钢针，让其加热变红，两手配合将料缠绕在钢针上，根据珠子大小，宜从少到多一圈一圈往钢针上缠绕。

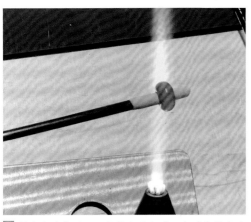

5 做这个动作时，一定是左手在动，右手执棒在火焰中保持不动，否则容易将隔离剂拽裂或者脱落。加热完成后，匀速转动钢针，将底珠烧圆。注意，只要保持慢速匀速转动钢针，就能将玻璃珠烧圆。

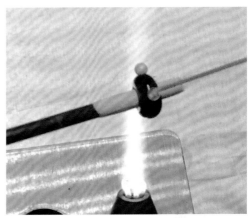

6 等底珠稍变冷，用白色细棒料在底珠上均匀地添加五颗小圆点，添加时，细棒料要与底珠呈90°角，这样添加的圆点可以点在底珠的赤道线位置。添加完成后，将白色小圆点烧熔。

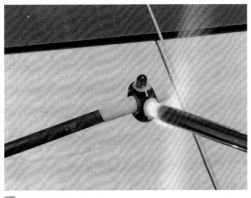

7 匀速转动玻璃珠，稍冷却后，用与底珠相同颜色的透明绿色棒料在白色圆点上添加第二层透明绿色色料。

8 添加完成后，匀速转动钢针，将添加上去的透明绿色圆点加热熔平。

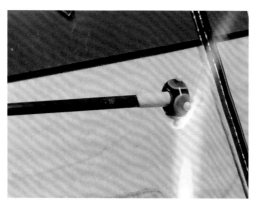

9 完成后，这时能看到两层色料圆形，稍作冷却后，再在第二层透明绿色圆点上添加第三层色料。用白色的细棒料在圆形的中间添加一颗小的圆点。添加完成后，再次熔平。

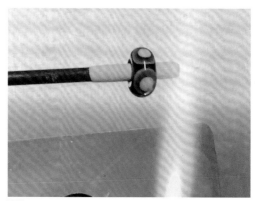

10 完成玻璃珠制作。当然，还可以根据需要再次添加和烧熔圆点。我国古代的蜻蜓眼玻璃珠可能采用的就是这种方法。考古上认为还有其他方法，但就现代工艺而言，这种方法最容易实现蜻蜓眼的肌理效果。

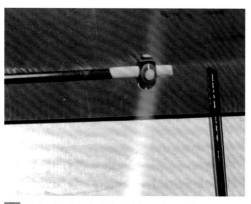

11 最后，将完成的玻璃珠放在尾焰上退火。

12 退火完成后，待表面稍作冷却，立即放入保温砂中，让其慢慢降至常温。

13 添加圆点是灯工软料玻璃中最常见的方法，除了简单易学之外，稍作变形，便可以衍生出很多不同的效果，非常有趣。

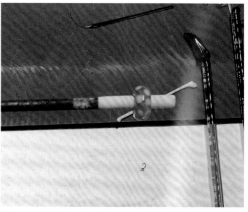

14 通常来说，简单玻璃圆珠所需要的工具不多，基本上一把镊子加一根钢针，就能做出好看的玻璃珠。如果想做一些更好看的花形，需要的工具也就会更多一些。

15 接下来，制作心形玻璃珠。所有软料玻璃珠的第一步都一样，需要先加热钢针上的隔离剂，排出空气，预热玻璃。熟悉步骤以后，会下意识地做完这一步，再一气呵成，添加色料做底珠。

16 就软料而言，正确的做法是用透明料做底珠，在透明料上添加不透明料。如果反过来，用不透明料做底珠，在上面添加透明料，一是颜色不明显，二是不透明底料会把透明料吃掉，效果不太好。

17 用原棒料添加五颗稍大的圆点，并加热熔平。

18 加热要勾耙的白色圆点至熔融状态后，用耐高温细钢针勾画出心形图形。再依次烧下一颗，熔融后勾耙出形状，这样依次把五颗圆点全部勾完。

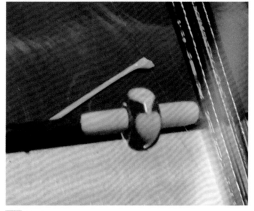

19 结束后，在火焰上匀速转动，将勾出的轨迹熔平。进行火焰退火后，放至保温砂中慢慢冷却至常温。

20 退火的目的是让玻璃态的非晶体结构从高温状态下的活跃状态趋于相对静止状态，以减少应力的产生，而应力是导致玻璃碎裂的最大因素。

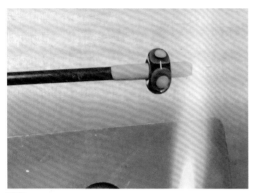

21 退火有两种方法：火焰退火和窑炉退火。一般来说，较小的玻璃作品采用火焰退火后，放入保温砂内缓慢降至室温即可达到退火目的。

22 等到玻璃珠冷却至常温后，从保温砂中取出玻璃珠。

23 将钢珠带珠子的一头在水中浸泡1～2小时后，将玻璃珠从钢针上取出。用金刚石小钻头将中间的隔离剂打磨掉。打磨的时候要加水一起打磨，否则玻璃珠会因为受热而裂开。

24 将清理好的玻璃珠洗净晾干备用。

25 用弹性鱼线就可以串出一串漂亮的玻璃珠手链。根据不同的喜好，也可以用银链串成手链。

26 根据需要也可以用具有弹性的绳子把玻璃珠穿在一起，完成玻璃珠手链的制作。

玻璃珠项饰制作

▲ 空心玻璃珠项饰制作（杨美华演示）

1 还原碎料倒在碎料槽中。左手持吹管，靠近火焰，右手以握笔形式将透明玻璃棒料的顶端放在火焰上预热。软料一定要先在火焰顶部预热至表面微微变色，才可以移到火焰的中部继续加热，否则棒料会炸裂。

2 将预热好的玻璃料在顶部熔出一个料团，同时将吹管在火焰上加热，烧红后，将料团轻轻粘到吹管上，匀速转动吹管，将料团在吹口熔成均匀的球状。

③ 料团完全烧熔后，持续匀速转动，双手持吹管，将吹嘴放入口中，吹管朝上，双手匀速转动，同时轻轻吹气，在料团中吹出一个气泡。

④ 将吹出泡的料球稍稍冷却后，在上面分别添加第二层和第三层透明料，将其烧熔。添加量的多少由成品的大小决定，大空心珠添加的料要比小空心珠料量多一些。

⑤ 将料团充分烧熔后进行第二次吹气，吹至中等大小即可。泡壁保持2mm厚度为佳。再次将玻璃泡表面烧熔，取出停留三秒后，放至料槽滚动粘料。可重复加热和粘料，直至满意。

⑥ 将添加好碎料的玻璃泡放在火焰上匀速转动着加热，直到表面的碎料完全熔融，玻璃珠表面变得光滑。

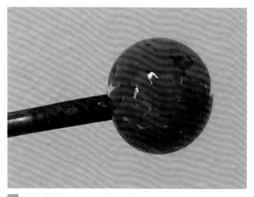

⑦ 再次将玻璃泡吹至壁厚为1mm左右。

⑧ 迅速将玻璃泡下垂，左右轻轻甩动，圆形的玻璃泡变成均匀的长条形。

9 右手拿一根玻璃棒做接杆，迅速将尾部拉尖，做出锥尾，然后快速将尾部收成线条状。

10 这一步要一气呵成。动作稍迟疑就可能做不出均匀的形状。

11 造型做好后，在火焰上部保温。然后用钢针在玻璃珠的三分之一处戳一个小洞，将洞口烧熔使其圆滑。注意钻孔时只加热钢针，让玻璃珠保持较冷状态，这样才能保持玻璃珠原本的状态。

12 把火焰调成还原火焰（煤气多氧气少），对玻璃碎料进行还原反应，还原后的玻璃珠表面有金属光泽。注意煤气不能开太大，否则玻璃珠表面会整个覆盖一层重金属色，表面变黑，影响美观。

13 将做好的玻璃珠放在火焰上部保温及退火，右手持抓爪，在火焰上稍稍加热后，抓住玻璃珠，将吹管口接近玻璃珠的位置放入火焰中加热烧红，感觉到接口处的玻璃熔融了，慢慢将吹管往左轻轻拽拉取出。取玻璃珠时只需加热吹管，不能加热玻璃珠，否则玻璃珠会变形。

14 将取出的玻璃珠放在火焰顶部保温后，用钢针在玻璃珠的尾部钻一个小孔。

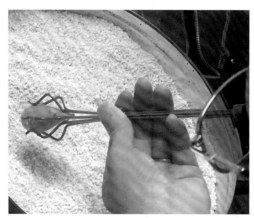

15 将玻璃珠放在火焰顶端进行火抛光及退火步骤。完成后，将玻璃珠埋入保温砂盒进行缓慢降温直至常温，通常需要半小时至一小时。

16 将常温下的玻璃珠取出，清洗干净后，挑出合适尺寸的珠子，放至托盘中拼出耳坠或项链的形状。

17 使用首饰制作的工具做成耳钉扣，把玻璃珠粘在耳钉扣上，做成玻璃珠耳钉。也可以把玻璃珠串成一串，做成一串玻璃项饰。

灯工硬料吹制首饰

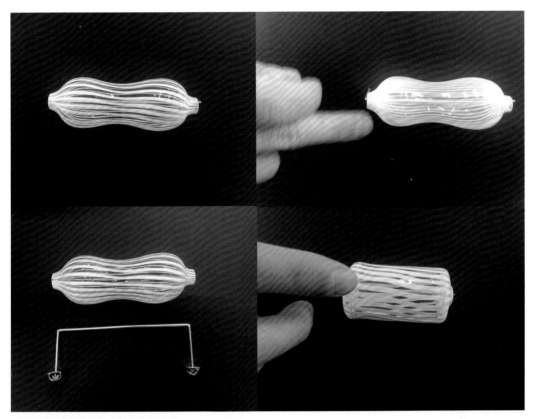

▲ 灯工硬料吹制首饰（杨美华演示）

1 用白色显色棒料拉制一些直径为1mm左右的细棒料备用。

2 取一截外径2cm、壁厚2mm的玻璃管，长度不限。左手掌朝下，大拇指在下方轻轻托着管，其余四指朝下弯曲勾住管，右手手掌朝上呈托举姿势，大拇指微屈固定管位置，在火上加热时其余四指呈握管姿势。

3 左手跟随右手，以右手拇指和食指主导匀速转动玻璃管，使其受热均匀。加热到玻璃具有延展性后，两手继续保持匀速转动，同时两手向外拽拉做出吹管及拉杆部分。

4 这样就能拉制出两头细的吹杆和持棒部分。

5 左手持料在火焰上预热玻璃泡部分，之后调小火焰。右手持白色细棒料加热其顶端，并保持不动，左手从上至下匀速移动玻璃管，让烧熔的线粘在玻璃泡上，这时玻璃管处于相对冷的状态，白色玻璃棒处于熔融状态，在玻璃泡上画出白色线条。

6 每画完一至两根线条，要把火焰调大，然后将整个玻璃管放至火焰顶部加热保温，否则在细棒料加热后粘到管上的一瞬间，玻璃管会因为温差太大而开裂。注意画线的时候将火焰调小只需加热到白色细玻璃棒，保温的时候将火焰调大使其能覆盖整个玻璃管。

7 在整个玻璃泡上画满均匀的线条后，两手拿住玻璃管，在火焰上先将中间部分的白色线条烧熔直至融平到透明玻璃料中，再将两边的玻璃也熔融。

8 在这个过程当中同样需要匀速转动以防止重力对烧熔的玻璃管产生副作用。

9 白色的线条都烧熔融平后，将玻璃泡两端口加热收口。收口有很多方法，如果是专门的硬料灯工灯，如Herbert Arnolds的Zenit系列、Carlisle CC系列等，建议直接用火线切割法进行收口。

10 用钻石剪或者雪茄剪也可以进行收口，但雪茄剪太短，会烫手，建议使用灯工专用钻石剪。图中所示为专业的灯工钻石剪（也称方口剪）。注意收口这一步不要把吹孔堵住了。

11 将玻璃管整体放到火焰上加热。加热到熔融状态后，拉长成线状，为下一步的缠绕做准备。

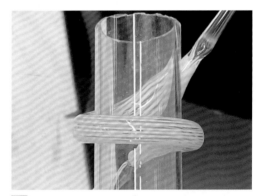

12 扭造型。这一步可以借助一个管状工具，如果临时使用，则可以拿尺寸不等的硼硅酸盐玻璃棒模具，如果要创作很多缠绕件，也可以用金属管焊接一个固定模具作为一个长期使用的工具。

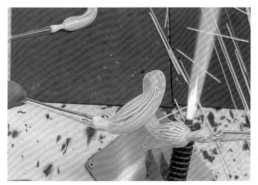

13 准备好模具后，将线状的玻璃立即放到模具上缠绕，缠绕完成后第一时间往吹管里微微吹气以防止缠绕上去的线管坍塌变形。

14 本图为吹泡的演示，前面方法基本一致，所不同的是收口后，加热到玻璃具有延展性状态时，一边匀速转动，一边将泡吹起，再根据设计的泡形塑造成形即可。

15 退火。将火焰调至微软状态，将完成件直接在火焰上移动加热，待到整个玻璃件的温度趋于平稳时，便可直接将其放到石墨板上，降至常温即可。

16 冷却至常温的玻璃件切出。这一步在热加工的过程中也可以直接在火上切出，方法很多，可根据个人习惯处理。

17 将切好的玻璃件直接在400目金刚石磨片上打磨，无须其他步骤。这样就将玻璃件做好了。

18 完成打磨的工件。

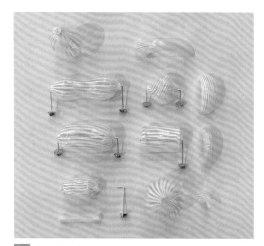

19 安装好配件就成了可以把玩的首饰作品。用手指拨动玻璃部件，可以达到放松心情和减压的目的。

9.9　漆首饰制作工艺

　　传统漆艺中所使用的漆为大漆，大漆又名天然漆、生漆、土漆、国漆等，它是一种天然树脂涂料，是割开漆树树皮，从韧皮内流出的一种白色黏性乳液，经加工而制成的涂料。天然大漆具有防腐蚀、耐强酸、耐强碱、防潮绝缘、耐高温等特点。大漆的颜色为赭色，加入特殊颜料（如朱砂、墨烟、铁锈等）后，可形成五彩斑斓的色漆。

　　大漆经过混合其他材质以后，呈现的色彩十分丰富，能够入漆调和的颜料除银朱之外，还有石黄、钛白、钛青蓝、钛青绿等。漆艺的技法同样多姿多彩，这就使在首饰表面髹漆，可以获得的色彩效果和图案效果令人称奇，甚至可以说是绚丽多姿，美不胜收。把漆艺运用到现代首饰设计与制作当中，无疑是一个新课题，还有待设计师们进一步去做探索和实践。

　　漆艺的技法颇多，几乎都可以运用到首饰的金属表面着色工艺制作中，如贴金箔、银箔，甚至铝箔、铜箔等；还有"莳绘"工艺，就是先用底漆绘出纹样，趁未干时在上面撒上各种金属粉或漆粉，待干后，罩漆将金属粉固定，干后打磨

▲《他人》胸针，作者：胡俊，材质：银、大漆、金箔

推光，形成丰富的色彩层次和肌理变化；变涂，就是在金属片上泼下稠漆，然后喷洒稀释剂，使漆被驱散而自然流动，获得自然的纹理。在漆里面，还能进行镶嵌，如镶嵌蛋壳，先将蛋壳内的薄膜去掉，漆做黏合剂，将蛋壳贴在金属片上并用手指轻轻按碎，就可获得自然裂纹，美观耐看。还可以镶嵌螺钿、有色宝石、金属片、金属丝、兽骨、薄木片等。将大漆结合炭粉、木粉、铝粉等材质，通过反复堆高、研磨和髹饰，可以获得色彩斑斓的艺术效果，这些艺术效果是其他加工方法所无法得到的。

　　从艺术的角度来讲，在金属表面髹漆的技法也是没有法度的，设计师完全可以不囿于常规，强化探索精神，反复试验，勤于钻研，这样才可获得他人未曾获得过的技法和表面视觉效果。

▲《澜色》耳钉，作者：赵祎，材质：乌木、白银、大漆

漆首饰制作

▲ 竹漆吊坠制作（徐佳慧演示）

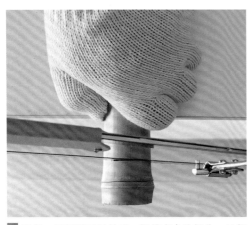

1 准备一段干透了的竹子，锯掉多余的部分，只保留竹节。注意锯的时候要适当多留一些余量，因为竹子表皮在锯的过程中容易破损。

2 用角磨机将竹节打磨至比需要的尺寸略大一些，再用砂纸对竹节精细打磨，直到磨至需要的尺寸和精细度。

3 将过滤好的生漆均匀、快速地刷在打磨整理好的吊坠竹胎上。刷好生漆后等待3～5分钟。

4 用干净的纯棉针织布将竹胎的生漆擦掉，放入荫房。24小时后彻底干燥。如果漆面有杂质，可用1500目以上的砂纸轻轻将漆面的杂质打磨干净，然后再次刷漆、擦漆。这样的步骤重复8～12次。

5 用发刷将黑漆均匀地刷在竹胎的侧面，放入荫房待干。黑漆干燥后，用1200～1500目的水砂纸沾水打磨。这样的步骤重复3～5次。

6 在打磨好的黑漆表面髹涂朱漆，刷漆注意事项与刷黑漆时一样。待最后一遍朱漆干燥后，用2000～3000目水砂纸沾水打磨，磨出黑漆与朱漆并置的效果。

7 在打磨好的漆面上薄涂透明漆，入荫房，待干燥后用3000～5000目水砂纸打磨到没有瑕疵。

8 用浆灰或推光粉沾食用油推光。推光完成后，用少量洗涤灵将推光后残留在吊坠上的食用油洗干净，擦干水迹。之后，用提庄漆或精致生漆揩清后入荫房干燥。并将推光、揩清的步骤重复多次，直至达到预期的效果。

9 在吊坠上定好打孔的位置，用电钻打孔，以便安装金属扣头。打孔完成后，记得要用极细的毛笔在孔洞中补涂生漆，以防日后受潮。

10 用穿钉将金属扣头与竹漆吊坠串在一起，用锤子轻轻敲击钉子，将金属扣头牢牢固定在竹漆吊坠上。注意敲打时用力要适度，否则会损坏吊坠上的漆。

11 将整个吊坠清洗干净，完成竹漆吊坠的制作。根据需要搭配合适的链子，之后就可以佩戴了。

9.10　金缮工艺

金缮，即"以金修缮"，用大漆作为黏合剂和塑形剂，把破损的器物重组完整，再将金粉或金箔贴于表面，把残缺的部分突出，展现一种"残缺美"的艺术境界。金缮本质上属于漆艺修复的范畴，其修复有很广的适用范围，可用于瓷器和紫砂器的修复，也可用作竹器、象牙、小件木器、玉器的修复等。但它的价值并不仅局限于修复器物层面，还赋予了器物修复后的新的美感，它代表的是一种美学、一种价值观。近年来，金缮工艺在中国得以振兴，赋予了新的含义，即从一个修复工艺变成了一个再创作的艺术，从"修旧利废"到"点石成金"。

明代黄成所著的《髹饰录》一书中，有"补缀：补古器之缺"的文字记载。文章里的"补缀"只谈到修复漆器，并没有提及修复其他的器物，修复漆器的工艺里也并没有谈到用金漆来装饰残缺。正因为有了这样的文献记载，才有人认为金缮工艺只不过是中国髹饰泥金或贴金工艺的变种。

金缮的出现，基于人们对残缺的崇拜，用最贵重的物质来修补残缺，旨在传达一种特别的心态：当面对残缺时，不掩盖，不做作，坦然接受，精心修缮。从这个角度来说，金缮是一种二次创作，是从废墟中将美激发出来，再次绽放生命的热情。经过金缮制作后的物体上通常会有一条条纤细的金色线条，仿佛一道道划破黑夜的金色闪电。这种美感得到越来越多设计师的认同和欣赏。如今，国内不少艺术学院都开设有漆艺专业，社会上也有很多人都会使用金缮工艺。而随着生活水平的不断提高，人们爱物之心的萌生，对待老物件的态度以及审美眼光的改变，让金缮市场越来越大，从而使这项技艺得以传承和创新。现今，很多首饰设计师都把这种传统工艺运用到现代首饰的设计当中，赋予了现代首饰一种别样的美，同时，也使金缮工艺再次绽放出了炫目的光彩。

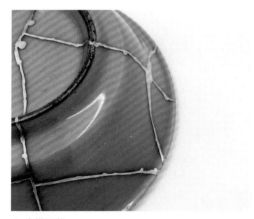

▲ 金缮工艺

▲《疗》胸针，作者：刘蔓，材质：陶瓷、银镀18K金

金缮工艺制作

▲ 金缮工艺（曹骏演示）

1 准备工具和材料：黑漆、金地漆、松节油、糯米粉、瓦灰、刮刀、金箔、毛笔、砂纸和铜丝等。

2 在瓷器断面的合适位置钻几个孔，孔的直径与铜丝相同，孔的深度适中。

3 修剪焊接铜丝，把焊接好的铜丝嵌入瓷器上打好的孔中。

4 制作漆胎，将黑漆与糯米粉瓦灰混合，用刮刀均匀搅拌，搅拌时可用吹风机加热。

5 然后将调好的漆胎涂抹到器物缺损处，尽量多涂抹一点，然后放置于恒温恒湿处阴干。

6 待漆胎干透后用砂纸打磨，直至漆胎与器物表面持平。打磨过程要不断加水，砂纸的目数由粗到细。

7 准备涂金地漆，在漆中滴入少量松节油稀释金地漆，均匀搅拌，使其不过于黏稠。

8 然后用毛笔将漆均匀涂抹于漆胎上。

9 待金地漆半干时，把金箔贴在漆面上，然后把工件放入荫房，继续阴干。

10 3～4天后，检查工件，如果金漆仍未干透，可继续放在荫房，直到完全干透为止。完成金缮工艺的制作。

》》9.11 拉丝工艺

在首饰制作工艺中，有一种工艺可制作出类似丝绒纺织品的表面效果，叫作"拉丝工艺"，也称"织金工艺""织纹雕金"。这种工艺可应用在金银材质的表面，显得富丽堂皇，提高首饰的档次。所谓"拉丝工艺"，就是指通过运用不同的雕刀，直接在金属表面加工出不同粗细、不同长短的线条，这些线条细如发丝，整齐排列在金银的表面，呈现闪亮的丝绒效果，极大地增强了金银的质感与精致度。拉丝工艺可雕刻出不同质感的丝线：毛丝、直发丝、长直丝或磨丝等。通过拉丝工艺制作出来的金银首饰作品，有属于自己的独特的光泽和质感。拉丝工艺可以用在镜面、浮雕，或者是一些特殊的金属镂空的板材上，也可以按照作者的设计理念，在不同的首饰表面做出很多不同的丝线效果。拉丝工艺制作的首饰，不仅在视觉上与众不同，触感上也给人一种不同的感受，布满首饰表面的织金纹，要么井然有序地排列，要么错落有致，让人真真切切地触摸到金银线条的存在。

拉丝工艺因著名首饰品牌布契拉提（Buccellati）在其首饰产品上的大量使用而闻名于世。可以说，拉丝工艺是布契拉提的独门绝技，曾几何时，布契拉提依靠这项绝技在首饰界一骑绝尘。不过，现今，这项绝技不再"独门"，它已经被首饰界的工艺师广泛推广和应用，逐渐走出了布契拉提的大门，使拉丝工艺享誉全球。

布契拉提的拉丝工艺创造出轻柔的"薄纱"效果，使黄金看上去像是覆盖了一层细致柔软的丝绒，显得神秘、柔美和精美绝伦。事实上，拉丝工艺在文艺复兴时期就已被金匠们使用，

而布契拉提的工匠们使用几种古老而特殊的刀具进行雕刻与织纹，赋予金银最佳的延展性和可塑性。布契拉提创造出来的"仿麻纹理""花边样式""丝绒效果"和"雕塑雕刻法"等拉丝工艺样式，给金银首饰带来了震撼人心的美感，使珠宝首饰拥有了高雅华丽的外观。

▲ 拉丝工艺手镯

▲ 拉丝工艺手镯

拉丝工艺戒指

▲ 拉丝工艺银戒指（鲁程演示）

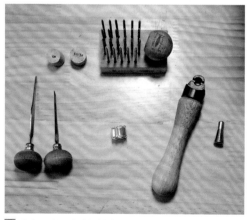

1 准备工具，包括雕刻刀、戒指固定棒、微镶顶针、辘珠边刀等。将完成打磨和抛光的戒指安装在戒指固定器上。

2 用8号雕刀沿着戒指的边缘线雕刻一条波浪线，这条波浪线贯穿戒指的始终。

3 然后进行拉丝操作。拉丝工艺雕刻的握刀手势如图所示。注意大拇指佩戴指套，以保护手指。

4 操作时胳膊需要抬起，左手稳稳地握住工件，抵在木台塞的一侧，右手在拉丝的时候抬起胳膊，放松手腕，往前缓缓推动雕刀。

5 雕刻丝线时使用10号雕刀。雕刻时，注意力道要掌握合适，不可用力过猛。在戒指的整个表面都刻满丝线。

6 在戒指表面整体雕刻好丝线后，将需要雕刻的花纹用油性记号笔画在戒指的表面。

7 用8号刀雕刻花纹的主线条，雕刻好以后用酒精擦掉残余的记号笔线条。

8 用微镶顶针在需要的地方顶出小圆球，使花纹具有起伏状，形成一定的层次感。

9 用平头10号刀铲掉戒指花边的多余金属，留出细边凸起。

10 用辘珠边刀压出花边。

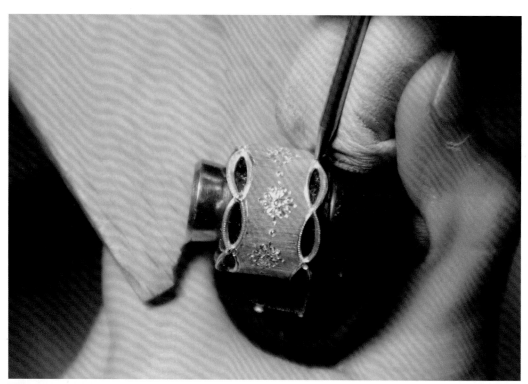

11 用微镶顶针在连接处按压出小圆球，使连接处显得更自然，最后，注意抛光织金纹表面时力度要轻。完成拉丝工艺戒指的制作。

拉丝工艺耳钉

▲ 拉丝工艺耳钉（时俊演示）

1 准备两块圆形钛片和两块黄铜片，用锯弓锯出所需的造型，退火后分别把钛片敲成半圆形、黄铜片敲成四瓣花形，对它们进行打磨抛光，将钛片进行热着色。

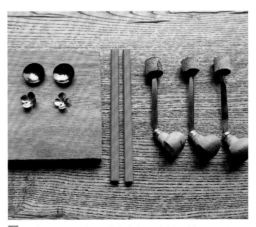

2 准备工具，包括一块小木板、火漆、雕刀。

3 加热火漆，把需要雕金的花瓣造型固定在火漆上。注意花瓣造型的工作面朝上，与火漆之间贴紧，不能有缝隙。

4 用大拇指与食指捏紧雕刀的刀身，刀柄握在掌心里，其余手指弯曲缩紧，保持所有手指不会露出刀锋底面。

5 用掌心的力量推动雕刀（勾丝刀）的运行，从花瓣边缘向花心一刀一刀地平行推进。

6 完成雕刻后，整体检查是否有漏雕的地方，如有雕刻不到位的地方，也可适度修整。

7 加热火漆，把四叶花瓣轻轻取下。花瓣有沾上火漆的地方，可以浸泡在酒精中去除。

8 把所有造型清洗后组装在一起，完成弧面织纹雕金耳环的制作。注意雕金之后的工件，不能再有烧灼工序操作，所以在制作前要认真计划整件作品的工序流程。

后　记

近年，随着经济的发展，百姓生活的改善，互联网技术的日新月异，首饰行业也不断走强。人们不再满足于传统的首饰生产和销售模式，对首饰设计也提出了更新、更高的要求，由此带动了高校的首饰设计教育。从整体来看，高校首饰设计教育可分为"设计"与"制作"两个阶段。"设计"是现代首饰的灵魂，而"制作"则使首饰获得了生命。"设计"不能脱离"制作"，两者相辅相成。

应该说，首饰制作是需要长期实践的，只有不断地、长期地沉浸于工艺实践，才能掌握多项首饰制作工艺的精髓，激发首饰制作的"工艺美"，使现代首饰作品获得独特的工艺审美属性和情感价值。设计师只有对首饰制作工艺了然于心，才能充分解放自己的设计思想，让自己的想象力和创意得以释放。所以，对于首饰设计来说，制作工艺的重要性不言而喻。

本书对多种首饰制作工艺进行了梳理和介绍，从基础工艺到高级工艺、从简单工艺到复杂工艺都有介绍和详解，做到了图文并茂、通俗易懂。

感谢滕菲老师为本书作序。此外，在本书的编撰过程中，诸多工艺制作演示者为本书的完成提供了巨大的帮助。这些演示者包括：曹毕飞、刘小奇、徐佳慧、杨美华、刘蔓、关宇洋、李正云、王浩睿、滕远胜、钮冬蕊、乔银龙、陈忠清、徐思庆、王印、拜月姣、卢艺、周佳慧、鲁程、刘晋雅、陈嘉慧、张囡、刘晨、曾昭胜、赵亚楠、曹云飞、尹衍雪、朱鹏飞、苏八三、刘阳子、曹骏、时俊、江闵、吉吉·玛丽安（Gigi Mariani）、阿格涅希卡·基尔斯坦（Agnieszka Kiersztan）等，在此深表谢意。

最后，感谢我的家人，是他们多年来对我的一贯支持和鼓励，才使我能够专注于金工首饰设计的教育和创作。顺祝我的儿子胡以漠健康快乐地成长。

胡俊
2022年1月18日